L'énigme du troisième infini

Marc Périnet-Marquet

L'énigme du troisième infini

Force motrice du temps qui passe

Mathématiques quantiques, intelligence artificielle et deux ou trois autres questions philosophiques

LES ÉDITIONS DU NET
126, rue du Landy 93400 St Ouen

« La poésie, c'est lorsqu'une chose rencontre un mot pour la dire – et souvent ces fiançailles se font attendre longtemps. Et lorsqu'une image trouve enfin la phrase qui l'aime et qui l'habille, c'est encore de la poésie », Nicolas Bouvier

ISBN : 978-2-312-05124-6

Prologue

* *
*

Paris 1900, premier congrès mondial de mathématiques. David Hilbert énumère les 23 problèmes importants à résoudre au XX° siècle. En tête de liste, le problème de l'existence du 3° infini.

La plupart de ces célèbres 23 problèmes ont été résolus depuis. Mais l'énigme du 3° infini résiste encore, peut-être plus pour longtemps.

Il se trouve que cet infini mystérieux, lié aux mathématiques quantiques et à la découverte d'un 3° temps physique par Alain Connes, sont au cœur des questions scientifiques et philosophiques posées par l'Intelligence Artificielle et ses développements futurs. Voici pourquoi ...

* *
*

La notion de triplet au cœur de découvertes récentes

Avril 2015. Alain Connes, Médaille Fields 1982, considéré comme un de nos plus grands mathématiciens propose, dans une conférence à l'Institut des Hautes Etudes Scientifiques, l'IHES, près de Paris, un nouveau temps physique issu de la physique et des mathématiques quantiques, différent du temps d'Einstein, lui-même différent du temps habituel utilisé par les chercheurs en physique depuis toujours. Il y aurait ainsi trois temps physiques différents. C'est à n'y rien comprendre.

Les spécialistes de la théorie de la relativité d'Einstein, les relativistes, ont mis un siècle à imposer dans le monde de la physique l'idée d'un temps relatif, une des 4 dimensions de l'espace-temps, un espace géométrique. Ils ont ainsi réussi à imposer cette idée inouïe très différente du temps chronologique habituel : un temps géométrique où il n'est pas interdit d'aller du passé vers le futur mais aussi du futur vers le passé, tout comme on se ballade de gauche à droite puis de droite à gauche dans un espace géométrique, un bonheur pour les auteurs de romans de science-fiction.

Mais Alain Connes démontre mathématiquement qu'il existe un 3° temps, différent du bon vieux temps chronologique et du temps géométrique d'Einstein. C'est le temps qui passe, un temps thermodynamique, un fluide en mouvement, un souffle.

Temps géométrique, chronologique, thermodynamique...

Non, c'est non. Je ne crois pas au temps thermodynamique d'Alain Connes. Voilà, vous avez votre réponse.

Un des nos éminents relativistes, lui aussi chercheur à l'IHES, me fera ainsi clairement part de son rejet absolu de cette idée d'un 3° temps en physique. Inutile d'insister.

Il était présent à la conférence d'Alain Connes, et rejette donc la démonstration de son collègue mathématicien en parfaite connaissance de cause. Il faut comprendre les spécialistes des travaux d'Einstein. Pour eux, le temps est géométrique, on pourrait dire qu'il donne sa courbure à l'Espace-temps. Les nombreuses avancées en astrophysique le confirmeront tout au long du XX° siècle, de l'existence des trous noirs au Big Bang, en passant par le fonctionnement des GPS. Ces petits appareils sont obligés de tenir compte de cette courbure de ce nouvel objet que l'on nomme l'Espace-temps, puisque les 3 dimensions de l'espace et la dimension du temps ne font plus qu'un : une chose géométrique à 4 dimensions géométriques, l'Espace-temps. Un point c'est tout ! Alain Connes ne va quand même pas remettre en question Einstein et presque cent ans de travaux venus confirmer tout cela.

Qui plus est, ce nouveau temps serait du au fait que nous ne pouvons avoir qu'une connaissance partielle de la réalité. Et comme si cela ne suffisait pas, Alain Connes prétend démontrer tout cela avec ses mathématiques quantiques. Il mélange donc une idée philosophique - l'idée que l'homme ne peut avoir une connaissance complète de la réalité - avec une notion purement physique, le temps. Puis il mélange ces deux notions avec une troisième chose qui devrait être séparée de tout cela, le monde mathématique.

C'est insensé. *Rien ne va plus en physique*, comme le proclame le chercheur canadien Lee Smolin dans un livre récent. De fait, ça chauffe à l'IHES et dans les couloirs des centres de recherche en physique et mathématiques.

Mais si les débats sont vifs dans le monde de la recherche théorique, il se trouve que pour nous autres, pauvres chercheurs en mathématiques appliquées essayant de faire marcher avec difficulté des logiciels dits d'Intelligence Artificielle (IA), ce 3° temps, lié à l'énigme du 3° infini, c'est l'Amérique...

Ces découvertes venues du monde quantique contredisant notre vision habituelle du monde, intimement liées à l'idée qu'il existe trois temps physiques, ont aussi poussé Alain Connes à explorer de nouveaux territoires mathématiques, fondés sur la notion de triplet. Or, quand les spécialistes en IA tentent de donner du sens à une image, une radio médicale, au film d'un enfant en partie caché qui risque de se faire percuter par une voiture, au mouvement imperceptible du visage d'un conducteur qui s'endort, mais aussi à du texte, ils sont confrontés à un triplet. Aristote avait déjà expliqué cela dans un célèbre livre, son plus petit ouvrage connu, *De l'interprétation.*

Les philosophes spécialistes du problème de la signification appellent cette science de la signification la « sémiotique ». Interpréter un texte, donner une signification à une image, c'est donc se confronter au *triplet sémiotique*, depuis au moins Aristote.

Ce très ancien modèle trinitaire (de *trinitas*, le triplet en latin) ou triadique (de *trias*, le triplet en grec), que l'on trouve dans de nombreux livres de Platon ou d'Aristote et dans la plupart des grandes sagesses anciennes, va être le premier sujet de cet ouvrage.

*   *

*

Nous commencerons par donner quelques exemples de triplets comme celui des trois cerveaux et celui des trois formes d'amour, et ce de façon la moins technique possible. Ces exemples permettent de réaliser que le concept trinitaire est au cœur de la vie, même si cela ne paraît pas évident au premier regard. Puis nous utiliserons la biologie où les notions de forme (de géométrie), de langage (de logique) et de fluide (de thermodynamique) nous amèneront au triplet de l'IA, et donc au problème de l'interprétation d'une image ou d'un texte (chapitre 4), au triplet des infinis (chapitre 5) et au triplet d'Alain Connes (chapitre 6), venu de la physique et des mathématiques quantiques.

Puis nous verrons au chapitre 7 le lien entre 3° temps et 3° infini, ainsi que l'importance de ce dernier en IA, par exemple pour la reconnaissance des piétons dans les voitures autonomes.

Mais l'énigme du 3° infini permet aussi de mieux comprendre ce que l'IA ne pourra jamais faire et la raison pour laquelle il ne sera pas facile de comprendre et de contrôler cette IA et ses évolutions dans les années qui viennent, que ce soit pour le grand public, les scientifiques, les politiques, les juristes ou les philosophes.

Pour cela, les mathématiques d'Alain Connes et les connaissances forcément partielles que l'homme peut avoir de la réalité vont nous être très utiles, même si cela paraît bien paradoxal.

Les trois cerveaux : intuition, raison, action

On retrouve chez des neurologues comme Roger Sperry ou John Eccles, prix Nobel tous les deux, certains aspects dans l'organisation du cerveau qui nous permettront d'introduire les notions dont nous aurons besoin. L'hémisphère droit est spécialiste de la reconnaissance des formes géométriques telles que le visage. L'hémisphère gauche est quant à lui le siège du langage, de l'explication rationnelle.

On a aussi découvert qu'il existe un troisième cerveau, le cerveau limbique, situé sous les deux précédents, responsable du contrôle des fluides qui imprègnent notre corps et de la gestion des émotions et de l'action.

Cerveau droit	Cerveau gauche
INTUITION	RAISON
Vision et géométrie	Langage et logique

Cerveau limbique
ACTION
Émotion

L'amour est-il trinitaire ?

Cette structure trinitaire du cerveau peut aussi se décliner dans le comportement amoureux, comme l'illustrait déjà Homère, dans l'Odyssée lors de l'épisode des sirènes. Une partie d'Ulysse – le cœur – est toujours amoureuse de sa femme, la belle Pénélope, qu'il finira par retrouver à la fin de son périple. Mais une autre partie de lui-même, siège de l'action, ne peut résister à la force d'attraction des sirènes.

Que va faire sa raison, son intelligence ? Va-t-elle prendre le parti de l'un ou de l'autre ? Si la raison se met du côté du cœur, elle doit faire preuve d'intelligence, de raisonnement et trouver une solution logique.

Les plus grands romanciers depuis Homère savent exploiter les relations difficiles entre ces trois éternelles parties de nous-mêmes : l'homme de cœur, l'homme de raison et l'homme d'action, sensible aux sirènes du présent.

Symbiose et évolution trinitaire

Aujourd'hui, la plupart des biologistes ont tendance à penser que toutes les caractéristiques de l'individu se trouvent inscrites dans son ADN. On parle de maladies génétiques mais aussi de gènes de la violence, etc. Le langage courant parle de l'ADN comme d'un programme, où se trouverait le plan complet de l'être vivant, déterminant son apparence physique, son comportement et son caractère.

Mais il apparaît, à la lumière de découvertes récentes, que seule une petite partie du « plan » d'un être vivant se trouve dans l'ADN, et on commence à comprendre que la partie la plus importante est inscrite dans la forme, dans l'organisation globale d'une cellule ou de tout un être. L'ADN ne serait qu'un codage de ce plan, un double indispensable qui ne peut être compris et donc opérationnel que dans le contexte de cette organisation globale.

> Ce qui est transmis d'une génération à l'autre n'est pas seulement l'ADN mais toute l'organisation et la structuration de la cellule et de ses constituants sans lesquelles la séquence d'ADN n'est rien.
>
> Nadine Peyriéras (embryologiste), *Morphogénèse, l'origine des formes*, p. 195

Le lien entre l'organisation globale et la signification de la séquence d'ADN passe toujours par des fluides. Le paradigme trinitaire nous permet ainsi de comprendre pourquoi l'eau ou les fluides en général sont indispensables à l'apparition d'organismes vivants ; ou pourquoi les évolutions majeures en biologie ne se font pas par compétition entre les êtres vivants mais par apparition d'une intrication, une alliance entre deux êtres. Ce que l'on appelle une symbiose.

Cette nouvelle organisation est trinitaire car elle implique à chaque fois l'apparition d'une nouvelle forme, puis d'un nouveau fluide et enfin d'une nouvelle signification du génome.

Perception, IA et sciences cognitives

Cette idée trinitaire renouvelle la vision de la biologie mais aussi et surtout la compréhension du cerveau, de l'IA et des sciences cognitives en général. Pour accéder à une connaissance juste, par exemple la reconnaissance d'un visage ou de toute autre forme, ou encore l'interprétation d'un texte (sa traduction, etc.), il est nécessaire de faire appel à ce concept trinitaire et donc aux trois fonctions cérébrales que nous avons mentionnées.

Un des objectifs de ce livre est de faire partager les découvertes d'Alain Connes aux personnes intéressées par les sciences cognitives, de leur faire comprendre intuitivement la notion de triplet spectral, au cœur de ce nouveau territoire mathématique.

Le paradigme du triplet mathématique se trouve déjà chez Platon avec la notion de distance, reliée au monde de la géométrie ; celle de nombre, correspondant au monde de l'arithmétique ; et celle de poids, que l'on appellerait aujourd'hui le monde des probabilités.

Le monde des distances correspond au grand infini de la géométrie, celui des nombres au petit infini de la logique, ces deux infinis ayant été découverts par le mathématicien Georg Cantor en 1874. Il semble que le monde des probabilités, quant à lui, corresponde au troisième infini, le Graal des mathématiciens depuis le début du 20e siècle.

Ce paradigme trinitaire permettrait ainsi de comprendre pourquoi nous sommes faits de trois cerveaux, chacun évoluant dans un des trois infinis mathématiques, et comment nos trois cerveaux entrent en relation pour produire de la connaissance.

Nous verrons que le cerveau droit, siège de l'intuition, correspond au monde mathématique de la distance et des formes géométriques ; que le siège du raisonnement et de la logique correspond au monde des nombres et du calcul arithmétique, et que le cerveau limbique des émotions, de l'action et des fluides, correspond à l'univers des probabilités.

Physique théorique et Mathématiques « trinitaires »

La symbiose ou l'intrication

En physique, deux particules peuvent s'intriquer, dans un phénomène un peu similaire à la symbiose en biologie. Il faut, pour le comprendre, passer par une vision globale, typique de celle que développe notre cerveau droit.

Quand deux particules sont ainsi intriquées, elles sont comme deux patineurs artistiques qui ne font plus qu'un et qui peuvent alors réaliser des figures impossibles à réaliser seul. Comme si l'espace dans lequel il était maintenant envisageable d'évoluer avait changé.

L'interaction

Dans ce nouvel espace, les patineurs vont devoir agir, c'est-à-dire prendre le risque de l'échec. En effet, la réussite de toute action est marquée par l'incertitude. Nous sommes dans le monde de l'énergie, du mouvement et du risque.

Cette action, ou plutôt cette interaction, peut aussi être mis en relation avec notre cerveau limbique, le spécialiste de l'émotion, de l'incertitude et des probabilités.

La quantification

Ces figures vont maintenant pouvoir être caractérisées, autrement dit évaluées par des notes. C'est le travail du juge qui qui se situe dans le monde de la raison, du langage.

De fait, un juge doit pouvoir justifier ses notations de façon la plus rationnelle possible, les expliquer à l'aide de phrases cohérentes, logiques. Cette sorte de mesure délivre ainsi un message, une quantification de la réalité, un dénombrement, qui peut s'apparenter à ce qui est en œuvre dans le cerveau gauche, monde de la logique et des nombres.

On transforme en notes le travail du couple de patineurs, lui-même issu de l'imagination de ces deux artistes.

Invention — Notes

Action

En physique quantique comme ailleurs, la notion de particule locale n'a de sens que par rapport à une vision globale, et ce à travers une action, une interaction. Là encore, on retrouve les trois aspects de la réalité.

Cerveau droit
(CD)
Vision globale, non locale
Intrication

Cerveau gauche
(CG)
Langage, algèbre
Quantification

Cerveau limbique
(CL)
Action, émotion
Interaction

C'est cette réalité physique étonnante qui a poussé des chercheurs comme Alain Connes à découvrir de nouvelles mathématiques qui se fondent, elles aussi, sur un triplet.

Un peu d'histoire avec trois idéologies

Nous terminerons en annexe par une description très caricaturale des XIX° et XX° siècles, voire du début du XXI°. Les notions de raison, d'action et de vision, liées chacune en priorité à un de nos trois cerveaux peuvent aider à mieux comprendre les évolutions philosophiques et idéologiques de ces derniers siècles.

La Raison

A la fin du XVIII° siècle, le triomphe de la Raison et de la science s'est traduit en France par le culte officiel de la déesse Raison mais aussi et surtout par l'immense prestige de grands chercheurs comme Pasteur au XIX° siècle.

Pour nombre de scientifiques de cette époque, tout est vrai ou faux. Tout se calcule, y compris le futur. La connaissance « vraie » du passé pourra non seulement tout expliquer mais promet aussi de résoudre tout problème à venir. Au fond, seul le passé et son analyse importent. Apparaît ainsi le scientisme et ses certitudes.

Le progrès de l'humanité est dans le progrès scientifique. Cela va de pair, semble-t-il, avec la généralisation du mariage de raison, et la domination d'une vision plutôt rationnelle et financière de l'économie.

On peut interpréter cet « âge de la raison » comme la manifestation d'un penchant excessif pour tout ce qui concerne le cerveau gauche, celui du raisonnement et du calcul logique.

L'action et la volonté

En réaction à ces phénomènes, les matérialistes, comme les marxistes, dénoncent la logique financière implacable purement rationnelle et calculatoire, ainsi que le mariage de raison qu'ils appellent mariage bourgeois. Ils se méfient des scientifiques et les soupçonnent de véhiculer une vision du monde orientée vers les intérêts de quelques uns. Pour eux, la science n'est pas vraie ou fausse, elle peut être mise au service du bien … ou du mal.

Ils dénoncent certaines sciences dites bourgeoises, comme la génétique, qui justifie cette vision propre au XIX° de classes sociales et de races inférieures par nécessité héréditaire. Pour eux, la volonté, le militantisme, l'action en général, peuvent changer le monde et faire triompher le bien. La priorité doit être donnée à la production de biens, et donc à la production d'énergie. Cette réaction matérialiste pourrait s'apparenter à une priorité donnée au cerveau limbique, celui qui gouverne l'action et les émotions.

L'idéalisme

À partir des années 1970, on commence à se méfier des excès du culte de la raison, du rationalisme scientiste qui prétend tout résoudre mais crée en même temps de nombreux problèmes : pollutions, accidents nucléaires, etc.

Mais on se méfie aussi des excès du culte matérialiste, du productivisme, qui place le bonheur de chacun dans l'accumulation et la jouissance de biens matériels. On parle de dérive de la société de consommation, d'une société en fait purement matérialiste.

Cette vision plus idéaliste, que l'on retrouve dans le courant de pensée écologiste, peut être interprétée comme la manifestation du cerveau droit, celui qui privilégie la vision du futur, les grandes idées.

Cerveau droit	Cerveau gauche
VISION	RAISON
FUTUR	PASSÉ
L'idéalisme (écologie)	Le rationalisme

Cerveau limbique
ACTION
PRÉSENT
Le matérialisme

1. Les trois cerveaux

Tout au long de ce livre, nous parlerons de cerveau droit, cerveau gauche et cerveau de l'émotion ou cerveau limbique. Commençons donc par expliciter ces trois notions.

1.1. Cerveau droit et cerveau gauche

Roger Sperry (1913 – 1994), neurologue au Caltech à Los Angeles obtient en 1981 le Prix Nobel de médecine pour ses travaux sur des individus souffrant d'épilepsie.

Pour éviter que la crise épileptique ne se propage dans l'ensemble du cerveau, des chirurgiens ont coupé le corps calleux de certains malades. C'est un câble de 300 millions de fibres nerveuses qui relie les deux hémisphères supérieurs du cortex. Grâce à l'opération, ces patients, que Sperry appelle des « split-brain » (cerveaux séparés en français), souffrent de crises épileptiques moins graves, tout en continuant à vivre leur vie professionnelle et familiale de façon tout à fait normale.

Pour comprendre le mode de fonctionnement du cerveau de ces split-brain, Sperry trouve le moyen de nouer un dialogue visuel avec l'hémisphère droit, et lui seul. Par un dispositif ingénieux, il pose tout d'abord des questions sous forme d'images à l'hémisphère droit tandis que l'hémisphère gauche ne perçoit rien. Puis il parle avec l'hémisphère gauche, siège du langage.

Grâce à ce système de communication, Sperry et son assistant Michael Gazzaniga démontrent que les deux cerveaux peuvent donner des réponses complètement différentes à des questions d'ordre général, sur les projets de vie par exemple. Le cerveau droit répond de manière plutôt idéaliste, intuitive et de façon imagée, alors que le gauche donne une réponse plus rationnelle.

On savait déjà depuis Broca au XIX° siècle que l'hémisphère gauche était le centre du langage, de la raison et de la logique. Son nom est resté attaché à celui d'une forme d'aphasie qu'il décrivit avec précision en 1861. Il avait examiné le cerveau de patients qui souffraient de troubles du langage. Tous présentaient des lésions de l'hémisphère gauche.

Cela n'est pas toujours vrai : En 1960, deux chercheurs injectent un barbiturique dans la carotide gauche ou droite de patients. On endort ainsi pendant quelques temps l'hémisphère irrigué par la carotide située du même coté. On s'aperçoit alors que 5% des droitiers parlent avec l'hémisphère droit, et 70% des gauchers avec l'hémisphère gauche. Mais par souci de simplicité, nous désignerons toujours le cerveau bavard comme « cerveau gauche ».

On avait aussi remarqué du temps de Broca que des dommages localisés dans l'hémisphère droit de musiciens professionnels entraînaient l'impossibilité de percevoir et de produire de la musique. L'idée que la perception d'une forme musicale ou des formes en général et de leur beauté est plutôt liée à l'hémisphère droit et la capacité de langage à l'hémisphère gauche est donc une idée qui existe depuis bien longtemps.

Mais les travaux de Roger Sperry vont beaucoup plus loin. Il comprend que l'hémisphère droit des split-brain fonctionne de façon tout à fait indépendante de l'hémisphère gauche et semble dédié à la reconnaissance des images et des formes comme les visages, ces capacités étant beaucoup moins développées dans le cerveau gauche. On sait aujourd'hui que la destruction d'une partie de notre cerveau droit entraîne un handicap terrible, la prosopagnosie, qui rend incapable de reconnaître le visage d'un proche.

Le langage est bien la spécialité du cerveau gauche et la reconnaissance des visages, chose très complexe, est donc bien la spécialité du cerveau droit.

Aussi étonnant que cela puisse paraître, Sperry réalise et démontre ainsi qu'il y a au moins deux personnes dans la boite crânienne d'un individu, certes épileptique, mais ne souffrant pas pour autant de schizophrénie. Ces deux personnes sont autonomes et chacune est spécialiste d'un domaine différent. Ne sommes-nous pas tiraillés parfois entre une aspiration artistique ou idéaliste et une vision plus raisonnable de notre projet de vie ?

1.2. Le cerveau des émotions, troisième cerveau indépendant ?

Le rêve vient du système limbique, Michel Jouvet

Les réflexions de John Eccles, ami et compère scientifique de Roger Sperry, grand neurologue et Prix Nobel lui aussi, ouvrent la piste d'un troisième cerveau, ou cerveau des émotions, faisant le lien entre les deux hémisphères.

* *
*

Sperry s'intéressait surtout aux hémisphères supérieurs, qui forment le cortex cérébral. Mais une grande partie du cerveau se trouve en-dessous de ce cortex et se prolonge jusqu'à la moelle épinière. Il s'agit du système limbique ou cerveau des émotions.

Pour Laura Brossi[1], c'est Broca qui parle le premier d'un lobe limbique (de limbus, ou bord du cerveau), en 1878. Papez fait l'hypothèse en 1937 qu'une région proche de ce lobe limbique est res-

[1] Laura Bossi, *Histoire naturelle de l'âme*, p. 213.

ponsable des aspects émotionnels de la vie. Un peu plus tard, MacLean introduit la notion de système limbique :

> MacLean parle d'un système limbique, un peu plus vaste, qui englobe, outre le lobe limbique de Broca, le circuit des émotions de Papez (1937). Il comprend un anneau externe par rapport au corps calleux, à savoir le gyrus cingulaire, et un arc interne, composé par le septum et la région septale, les tubercules mamillaires, l'hippocampe, l'amygdale et le fornix. Dans le système limbique, MacLean distingue trois régions :
>
> a) La septale, centre du plaisir physique
>
> b) L'amygdalienne, impliquée surtout dans la nutrition et l'agressivité ; l'hippocampe et les corps mamillaires sont impliqués quant à eux dans l'élaboration des émotions et la mémoire à court terme.
>
> c) La thalamo-cingulaire, comprenant l'appareil olfactif, substrat naturel à l'empathie, à la compassion, au souci de prévoyance pour les autres espèces.
>
> Laura Bossi, *Histoire naturelle de l'âme*

Sperry pensait que seuls les deux hémisphères avaient un accès à la vision. Ces dernières années, les neurologues découvrent que le cerveau limbique a lui aussi un accès direct au nerf optique, et peut traiter de façon rudimentaire l'information visuelle en dehors du contrôle des hémisphères gauche et droit. Sperry l'ignorait, semble-t-il, et c'est peut-être pour cette raison qu'il ne considérait pas le système limbique comme une entité en soi[2].

[2] John Morris montre en 1999 qu'une voie de traitement sous-–corticale – empruntant le colliculus supérieur – est activé lors de ce processus perceptif inconscient. Ainsi, il existe bel et bien des processus de haut niveau, ici liés à l'émotion, mis en œuvre sans que nous en ayons conscience. Lionel Naccache, *Pour la science, Spécial Cerveau*, Déc. 2002, p. 100.

Les neurologues découvrent donc une voie de dérivation du nerf optique vers le cerveau limbique. On comprend alors que ce 3° cerveau est celui qui permet de réagir rapidement, par exemple lorsqu'une main s'approche un peu vite de notre visage.

Dans ce cas, vos deux hémisphères n'ont pas eu le temps de prendre de décision. Votre cerveau limbique, ou cerveau des émotions, est donc bien une entité autonome, indépendante, disposant de sa propre capacité de perception visuelle et de réaction, notamment dans l'urgence.

Notons à ce propos que le traitement de l'urgence n'est pas le point fort des deux hémisphères supérieurs. Nous savons tous que notre moelle épinière est une partie de notre système nerveux central spécialisée dans la coordination fort complexe de certains réflexes.

On pourrait d'ailleurs appeler "cerveau des émotions" toute la partie sous corticale du cerveau, qui comprend le système limbique au sens strict, mais aussi le tronc cérébral, la moelle épinière et l'ensemble des nerfs.

Il faudrait y inclure les différentes glandes thyroïdiennes, surrénales, etc., placées dans différents endroits du corps, de telle sorte que le corps dans son ensemble pourrait tout à fait être considéré comme une partie de ce cerveau — jusqu'aux tripes, puisque chacun d'entre nous a le souvenir d'avoir réagi ou parlé « avec ses tripes » — mais cela est une question délicate, une question philosophique tout autant que physiologique ou médicale.

1.3. Les relations entre les trois cerveaux

John Eccles, qui a beaucoup étudié l'asymétrie cérébrale et la différence entre les deux hémisphères, finit par proposer l'idée suivante dans son livre *Évolution du cerveau et création de la conscience* : Chez les split-brain, la coupure du corps calleux a séparé les hémisphères droit et gauche, mais les émotions induites par l'hémisphère droit peuvent impliquer le gauche à travers le cerveau limbique qui lui n'a pas été sectionné. Ceci expliquerait pourquoi un split-brain conserve son unité de comportement.

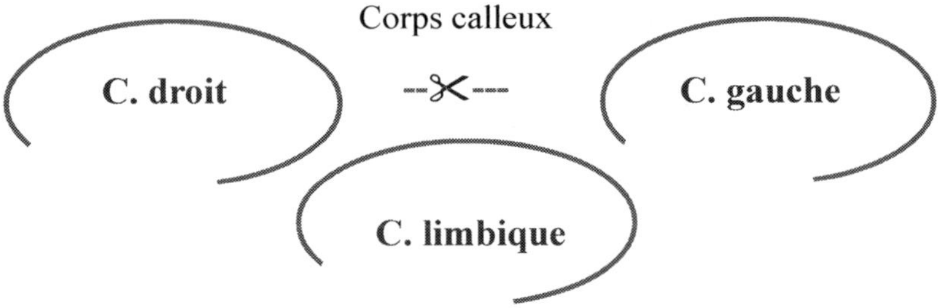

Des exemples très parlant de ce processus sont donnés par le neurologue Antonio Damasio dans son livre *L'erreur de Descartes*. L'amygdale est une partie du cerveau limbique spécialisée dans le traitement de la peur. Via le sang, elle contrôle la diffusion dans l'ensemble du corps et du cerveau d'un mélange d'hormones. Le cerveau gauche est alors « envahi » par ce flot d'hormones, cette humeur. Il peut alors l'identifier et mettre des mots sur l'émotion ressentie par le cerveau limbique.

Damasio découvre que si l'amygdale est malade, le cerveau gauche peut faire une grave erreur de jugement en n'identifiant pas un visage courroucé comme une menace. Le cerveau droit perçoit bien l'expression dangereuse de ce visage, mais le cerveau limbique malade ne ressent pas et donc ne transmet pas au cerveau gauche l'émotion de peur correspondant à cette expression. Le sang joue ici un rôle important en tant que fluide conducteur. Nous reviendrons longuement sur cette notion essentielle.

En bref

Par l'interaction entre ces trois cerveaux, l'être humain est capable :

D'avoir des idées, des intuitions, de planifier un projet de façon globale.

De produire des jugements sous forme de phrases, dans un certain langage.

Et ce, à travers une action, une interaction avec le monde, l'urgence, le présent.

1.4. Les trois cerveaux et les trois mondes mathématiques

Le cerveau droit et la géométrie

Le cerveau droit est spécialiste de la vision et de la reconnaissance des formes géométriques. Cela lui permet de gérer l'évidence. Il est aussi le siège de la prévision et donc de la gestion du futur, de l'intuition. C'est lui qui apprécie le beau et le laid. Le mot *forme* vient du mot latin *forma* qui signifie la beauté.

En mathématique, certaines idées pourtant non encore démontrées de façon logique peuvent être considérées comme particulièrement belles et importantes. On les appelle des conjectures et sont la source de la vraie nouveauté dans le monde de la recherche en mathématique.

Le cerveau gauche et la logique

Le cerveau gauche est dévolu à la logique, au langage. C'est le cerveau rationnel, celui qui établit les raisonnements, celui qui construit des explications cohérentes des faits passés, de façon chrono-logique. En relation avec sa capacité à raisonner, il décide de ce qui est vrai ou faux.

Le cerveau limbique et les probabilités

L'action et les probabilités

C'est du cerveau limbique que surgissent les stimuli émotionnels, comme la peur, qui entraînent l'envie d'agir. Il est au contact du présent, de ce qui se passe ici et maintenant. N'oublions pas que le mot *émotion* signifie *mouvement*. Or il est impossible d'agir sans prendre des risques. La réussite d'une action est toujours frappée d'une certaine incertitude, d'une probabilité de réussite mais aussi d'échec.

Une action n'est pas vraie ou fausse. Elle est bénéfique ou non. Le cerveau limbique est celui qui apprécie le bien et le mal, et ce « par action ou par omission ».

L'alliance subtile et les probabilités bayésiennes

Comme on l'a vu, le cerveau limbique se sert de fluides comme le sang pour faire passer les émotions dans les hémisphères cérébraux en faisant varier les pondérations relatives de nombreuses hormones de façon très subtile.

L'effluve d'un parfum peut rendre fou notre cerveau des émotions. Or la puissance de celui-ci ne repose que sur les poids relatifs d'extraits d'essence de rose, de musc, etc. Les secrets les mieux gardés des flacons de parfum ou de breuvages ne sont que touches plus ou moins fortes de tel ou tel ingrédient, eux-mêmes connus de tous. Avec une présence de telle essence un peu trop lourde, la magie du liquide disparaît.

Cette magie n'est pas liée à une simple notion de pourcentage, un simple *ratio* du domaine du rationnel, mais aux interactions subtiles entre tous les composants.

Pour parler en termes de probabilités, une recette est un ensemble de poids respectifs des composants et de leurs interactions. Nous verrons plus loin qu'il s'agit ici de probabilités conditionnelles ou bayésiennes.

De même, une pondération légèrement différente d'hormones, gérée par notre cerveau limbique, nous fait voir la vie autrement. Les fluides, par exemple le sang, sont les vecteurs indispensables des messages hormonaux et aussi le seul moyen de les mélanger donc de les associer. Mais c'est la pondération relative d'un cocktail de nombreuses paires d'hormones dans nos fluides intérieurs qui est signifiante. En effet, les hormones, comme les émotions, vont par deux, l'une et son contraire. On les appelle antagonistes. Le fluide est toujours le lieu où coexistent et se mélangent les contraires.

Nous sommes là dans le monde des paradoxes propres aux probabilités. Celui de la coexistence des contraires, des nuances, et non du contradictoire où un terme exclut l'autre comme dans le monde de la logique. Une action peut être bénéfique à un certain niveau mais néfaste à un autre.

CERVEAU DROIT
VISION IDÉALE
Géométrie
Futur
Beau

CERVEAU GAUCHE
RAISON
Logique
Passé
Vrai

CERVEAU LIMBIQUE
ACTION
Probabilités
Présent
Bien

Les 3 cerveaux, ou 3 Psyché, dans l'histoire de la pensée

Nombre de religions et de philosophies du monde ont eu cette intuition fondée sur la notion de triplet pour interpréter le fonctionnement de l'être humain et du monde qui l'environne.

Citons par exemple la triade la plus célèbre de la philosophie, le beau, le vrai et le bien, les 3 absolus de Platon que l'on retrouve dans toutes les civilisations. Citons aussi les trois mots du grec ancien parmi les plus étudiés par les philosophes : *Agapè*, l'amour désintéressé et inconditionnel, *Eros* désignant plutôt le plaisir physique, et enfin *Philia* l'amitié.

Autre exemple de triplet emprunté à Platon, les hommes possèdent trois *Psyché* ou trois âmes. La première, dite inférieure, est sensitive et appétitive, c'est-à-dire siège du désir, de la faim. Platon la situe entre le diaphragme et le nombril, centre des émotions. La deuxième âme, le « cœur », siège des passions amoureuses, se loge dans la poitrine. Enfin, une âme rationnelle est située dans la tête.

Les trois *Psyché* de Platon

L'âme rationnelle
Raison
(dans la tête)

Le cœur
Passions amoureuses
(dans la poitrine)

L'âme inférieure
sensitive et appétitive
(entre le diaphragme et le nombril)

La phrase de Pascal, « Le cœur à ses raisons que la raison ignore » fait écho au fonctionnement indépendant de deux de ces trois âmes. On retrouverait ainsi dans la description platonicienne des trois âmes, les trois entités du cerveau mises en évidence quelques 2500 ans plus tard, cerveau droit, gauche et limbique.

Cette idée se retrouve également dans la philosophie taoïste avec le Yin, le Yang et le Souffle vital qui unit les deux, comme l'explique François Cheng dans ses ouvrages ; ainsi que dans la religion hindouiste, à travers le courant philosophique de l'*Advaita*, qui signifie « non dualisme » ; mais aussi dans les visions du monde celtes, égyptiennes, etc. Elle figure encore dans la pensée de philosophes comme Hegel et sa dialectique, Charles Sanders Peirce, etc.

Elle se retrouve bien entendu dans la théologie trinitaire chrétienne : le Père, le créateur ; le Fils, son expression, sa parole ; et l'Esprit Saint, le Souffle qui agit et qui unit le Père et le Fils.

Notons à ce propos que le mot « *trinitaire* » avec un petit 't' sera utilisé tout au long de ce livre, puisqu'il s'agit de l'adjectif le plus proche du mot latin *trinitas*, le triplet. Mais cet mot ne fait pas forcément référence à la Trinité chrétienne.

* *

*

2. L'amour est-il trinitaire ?

Il sera question dans ce chapitre des trois formes d'amour propres à chacun des trois cerveaux, des relations et des conflits entre les trois, qui font le sel de la vie. Cette présentation nous conduira de façon imagée et progressive au concept très abstrait de triplet spectral.

Notre cerveau droit est semble-t-il le siège de l'état amoureux, de l'imaginaire, de l'intuition évidente que l'être aimé est irremplaçable.

Notre cerveau de l'émotion quand à lui s'émeut, et nous incite à passer à l'action, à nous diriger vers l'être aimé, pour interagir avec lui.

Une fois la relation bien établie, on commence à envisager « les choses sérieuses », à savoir une union contractuelle, telle que le mariage, qui va donner un cadre à notre relation. Celle-ci sort alors du domaine irrationnel du coup de foudre et de celui des émotions pour entrer dans le domaine de la raison. C'est le domaine de prédilection de notre cerveau rationnel qui gère le langage, la logique, les contrats, et ainsi toutes les caractéristiques d'une culture donnée.

Comment s'instaure cette sorte de collaboration entre les trois cerveaux ? Pourquoi les fluides, tels les larmes, la respiration et la pression sanguine, sont-ils supports des émotions et comment ces émotions (cerveau limbique) engendrent-elles le langage (cerveau gauche) à partir de l'intuition (cerveau droit) ?

2.1. La vision, la reconnaissance, l'évidence

« Il se reconnaît entre dix mille », Cantique des cantiques, 5

L'amour commence souvent par un coup de foudre, cette certitude que l'autre est unique, singulier, et qu'il ne peut être remplacé par une personne ayant des caractéristiques similaires.

L'image clef permettant de comprendre ce qui est en jeu est celle du *Sumbolon* des philosophes grecs.

Le *Sumbolon* : l'union parfaite de deux pièces uniques

Le *Sumbolon* est composé des deux moitiés d'une même poterie, s'emboîtant parfaitement et reconstituant ainsi la pièce d'origine.

A l'époque de la Grèce Antique, il servait de signe de reconnaissance entre deux familles alliées. Les chefs des deux familles cassaient une poterie en deux et chacun gardait un des morceaux. Ces deux pièces, uniques, étaient transmises de génération en génération et servaient de signe de reconnaissance entre les descendants des chefs de famille qui avaient conclu l'alliance. Seuls les deux morceaux de la poterie cassée pouvaient s'ajuster parfaitement, comme les pièces d'un puzzle. Ils servaient ainsi de preuve absolue, évidente, de l'union des deux familles. Le mot *évident* vient du verbe *voir.* Les preuves absolues sont visuelles.

La découverte de la dérive des continents

C'est en voyant que les continents africains et sud-américains s'ajustaient comme les pièces d'un puzzle, tels un *Sumbolon*, que le géologue Alfred Wegener, météorologue de son état, a eu l'intuition de la dérive des continents. Cette intuition géniale mettra cependant de nombreuses années à s'imposer dans le monde des géologues.

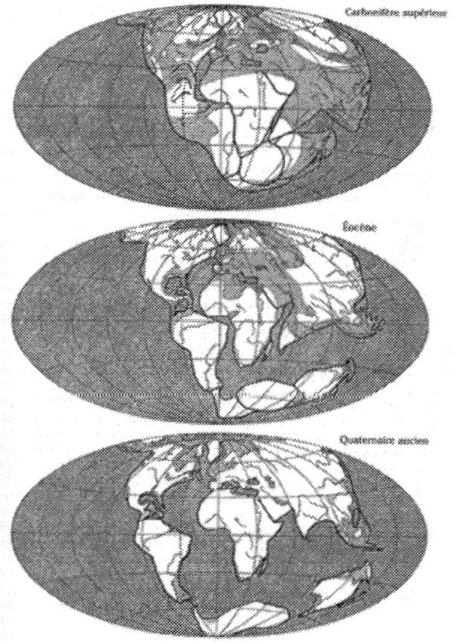

À l'instar d'un *Sumbolon*, le coup de foudre amoureux réunit deux êtres uniques faits, à l'évidence, l'un pour l'autre. En amour, on a la certitude que cette réunion parfaite ne peut être le fait du hasard.

Imaginons que l'on possède une moitié d'assiette et que l'on cherche à obtenir la moitié manquante. On aura beau casser un milliard d'assiettes en deux, on ne pourra jamais retrouver la moitié d'assiette qui coïncide exactement, au grain près, c'est-à-dire avec une précision infinie, avec la moitié qui nous reste. La probabilité de retrouver la moitié parfaite n'est pas faible, elle est nulle. En mathématique, on appelle cela une probabilité géométrique.

La vision de ce qui reste invisible aux autres

Le coup de foudre est lié à la géométrie, à l'intuition, à la vision, comme le montre l'expression « Il ou elle m'a tapé dans l'œil ». Il est irrationnel, illogique, hors de tout calcul. Seule la contemplation de l'autre compte. Les mots, la logique, les explications rationnelles ne sont pas indispensables.

Le fait de tomber amoureux n'est pas une action, une volonté. On ne décide pas de tomber amoureux. C'est un amour qui vient d'ailleurs, qui nous « tombe » dessus. On est « frappé » par ce qui reste parfois invisible à tous nos proches. Frappé par l'évidence, parfois difficile à accepter, que c'est avec cette personne que l'on a envie de vivre jusqu'à la fin de nos jours.

Si créer, pour un artiste, consiste à voir ce qui reste invisible aux autres et à le rendre visible, alors le coup de foudre est, pour celui qui vit ce moment unique, une création, la révélation d'une d'évidence. La certitude d'être « faits l'un pour l'autre » est la vision d'un *Sumbolon* d'une puissance telle que le monde change autour de vous.

2.2. La prise en main, l'action, l'amour physique

Ce coup de foudre entraîne souvent le désir de ne faire qu'un, physiquement. Il se manifeste sous la forme d'une attraction irrépressible.

À ce stade, il ne s'agit plus seulement de voir, d'admirer, de contempler, mais aussi d'agir, d'interagir. Les mots là encore ne sont pas indispensables. Nous entrons dans le monde de l'action, de l'émotion, du mouvement. Le cerveau de l'émotion ne vit pas dans le monde du langage, et donc de la logique rationnelle, propre au cerveau gauche. De même, il peut prendre son indépendance à l'égard du cerveau droit, le cerveau amoureux.

Ulysse et les sirènes ou le combat entre le cerveau amoureux et le cerveau limbique

Lorsqu'il entend le chant des sirènes, Ulysse est toujours amoureux de Pénélope, mais cela ne l'empêche pas d'être irrésistiblement attiré par les sirènes. Il est alors déchiré entre la vision de Pénélope, enracinée au plus profond de son cœur, son cerveau droit amoureux, et l'attraction exercée par les sirènes sur son cerveau limbique.

Sachant qu'une partie de lui ne pourra résister à la force d'attraction des sirènes, Ulysse décide alors, de façon raisonnée, de s'attacher au mât de son navire. C'est donc le cerveau rationnel, le cerveau gauche, qui trouve une solution à son dilemme.

Les choses de l'amour sont bien entendu beaucoup plus subtiles. On ne peut réduire la question du passage à l'action au simple désir, à une simple force d'attraction. Si le coup de foudre semble imposé, comme subi, le passage à l'action demande quant à lui une certaine volonté. Force est de constater que le coup de foudre ne se transforme pas toujours en volonté d'aimer.

2.3. La raison, le langage, les règles

Le coup de foudre nous fige, transi, dans un état amoureux, expérimenté par le cerveau droit. Puis, on se laisse envahir par l'émotion et on passe à l'action, gérée par le cerveau limbique.

Vient alors le temps des mots d'amour, puis les serments, voire les engagements réciproques, et parfois les contrats de mariage dûment rédigés. On entre alors dans le domaine du cerveau gauche, celui du langage et de la raison.

Quand l'amour fou se donne en amour physique, il peut se conclure en amour raisonnable, l'amour social. Il devient possible de construire un foyer, une maison, où l'on peut élever des enfants.

L'amour raisonné passe par l'utilisation d'une langue, de son vocabulaire, de ses règles de grammaire. Il est toujours lié à une culture, une vie sociale. On se rapproche du monde implacable de la logique, des comptes et des calculs nécessaires à la construction d'un projet familial ou autre.

Cerveau droit plus enfant, cerveau gauche plus adulte ?

Le cerveau amoureux s'emballe facilement. Généreux, plutôt naïf, il a tendance à rêver, en minimisant les embûches et les difficultés qui risquent de survenir. « Nous ne sommes pas de la même religion, de la même culture. Vue l'histoire séculaire de nos familles et de nos pays, qui se détestent, nous serons rejetés de tous côtés. Mais ce n'est pas grave. Nous ferons une douzaine d'enfants en vivant d'amour et d'eau fraîche ... » Il est tourné vers l'avenir, la promesse de bonheur. Toute méfiance disparaît à l'instant où l'on tombe amoureux. Un coup de foudre est une prise de pouvoir du cerveau droit, qui fait taire notre cerveau gauche et sa connaissance rationnelle du passé, de l'histoire.

Le cerveau rationnel est plus adulte, disons plus expérimenté, plus calculateur et plus méfiant. Il ne donne sa confiance que progressivement, en accumulant de petites certitudes, des preuves historiques.

2.4. Les relations entre les trois

Écouter son cœur ou sa raison

Comment le cerveau droit, amoureux, peut-il faire passer au cerveau gauche, raisonnable, le sentiment irrationnel du coup de foudre, que le cerveau gauche aura toutes les peines du monde à gérer ?

Il lui faut passer par le cerveau limbique. C'est le cerveau de l'émotion, qui fait le lien entre le cerveau rationnel et le cerveau amoureux. Son rôle est de gérer le mouvement, l'action, le présent, le possible, l'improbable.

Métier-passion ou métier-raison ?

Devenir chanteur, architecte, journaliste, médecin ou chercheur est souvent une passion, une vocation. Mais ce n'est pas chose aisée si nous naissons dans une région du monde où il est difficile de mener des études. Une jeune fille devra s'adapter à la culture de son pays si le métier qu'elle désire est interdit aux femmes. Sa vocation irrépressible devra alors s'épanouir d'une manière ou d'une autre.

La culture d'une société donnée, gérée par le cerveau gauche, peut poser des interdits de façon très forte. Et notre cerveau gauche le sait. Mais notre cerveau droit, lui, ne veut pas le prendre en compte. Il aura toujours cette vocation irrépressible, ce talent qui ne demande qu'à se développer.

Ce sera au cerveau limbique de trouver, par le biais de l'action, les chemins du possible.

L'intuition contre la raison

Pendant plus de trente ans, les plus grands géologues vont démolir, en utilisant toute leur science, la vision de Wegener, cette intuition « folle » de la dérive des continents.

Cette *idée* (étymologiquement cette *image*) finira néanmoins par s'imposer dans les années 1960, bien que certains grands géologues continuent à réfuter cette théorie par de brillants raisonnements scientifiques. Ainsi, un des grands pontes de la géophysique et de la sismologie, Harold Jeffrey, pensait avoir démontré l'impossibilité mathématique de la dérive des continents. Il crut mordicus à sa démonstration jusqu'à sa mort en 1992!

Pour être comprise et partagée, une idée lumineuse, telle que celle de Wegener, doit être expliquée rationnellement. Le passage de la vision et de l'évidence, au langage et à la raison est une étape importante et fructueuse. Ainsi, l'explication, sous forme de phrases complexes, de la dérive des continents a permis de comprendre la formation des montagnes, l'apparition du grand rift africain, etc.

Le monde logique, le monde du langage, permet donc de compléter, de donner sa signification pleine et entière à l'intuition de départ. C'est une sorte d' « image en miroir » de l'intuition de Wegener.

Une relation harmonieuse

Dans certains cas, le cerveau rationnel n'est jamais autant lui-même qu'au moment où il se laisse « actionner » par le cerveau de l'émotion, dont la force émane elle-même du cerveau droit amoureux.

Sans doute, le fonctionnement harmonieux se trouve dans un état d'équilibre, de relation juste ou de synergie entre les trois cerveaux. Le cerveau rationnel n'essaie plus de tout régir et contrôler ; Le cerveau de l'émotion ne prend pas le dessus en nous poussant à agir à tort et à travers ; Le cerveau amoureux, quant à lui, n'est pas déconnecté de la réalité. A cet instant, nos paroles et nos actes sont d'autant plus vrais qu'ils viennent, avec force, du cœur.

En bref

Lorsqu'un sentiment d'amour vous envahit, votre cerveau droit a « pris la foudre ». Le monde change autour de vous.

Lorsque le corps exulte, en pleine action, votre cerveau de l'émotion a pris le contrôle.

Lorsque vous vous surprenez à raisonner sur le conjoint idéal en faisant une liste des qualités requises, votre cerveau raisonnable raisonne.

Nous savons bien qu'un mariage d'amour n'est pas un mariage de raison, et que l'un ou l'autre ne s'accompagne pas toujours d'une « consommation » physique. Cette sorte de triplet est en fait d'une banalité confondante. Mais la façon dont ces trois mondes entrent en relation sera toujours mystérieuse, tous les écrivains le savent.

Questions de société

Nombre de problèmes philosophiques, éthiques et politiques parlent de cette relation à trois et cherchent les moyens d'en sortir. Par exemple, les progrès technologiques ont soulevé et soulèvent de plus en plus de questions liées à ce sujet : Faire l'amour sans procréer, faire des enfants sans faire l'amour, etc.

3. La symbiose

Il semble que les biologistes commencent à redécouvrir les trois étapes ou trois dimensions de la symbiose : la nouvelle forme, la nouvelle dynamique et la nouvelle signification du génome. De fait, il est difficile de comprendre, sans cette notion trinitaire, le phénomène de la symbiose qui est à l'origine de l'apparition des cellules animales ou végétales, des organismes vivants complexes, de l'organisation des animaux sociaux ou même des relations symbiotiques étonnantes entre animaux très différents.

Pour décrire ces phénomènes complexes et encore très mystérieux, nous nous inspirerons des travaux de Lynn Margulis, en les simplifiant un peu, par souci pédagogique. Nous prions nos amis biologistes de bien vouloir nous excuser pour ces quelques approximations faites avec l'état des connaissances actuelles.

L'objectif de ce chapitre est de donner des images les plus intuitives possibles du rôle du fluide et ainsi de la notion de temps thermodynamique de Connes ou de 3° infini en mathématiques. Il ne s'agit pas ici de proposer et encore moins d'affirmer une nouvelle vision de la biologie.

3.1. Nouvelle forme : l'alliance

« Parce que c'était lui. Parce que c'était moi », Montaigne

Pour beaucoup de biologistes, les nouvelles espèces animales sont le produit des mutations puis d’une compétition qui aboutit à l'élimination des plus faibles. De fait, beaucoup de choses dans la nature semblent se résumer à des histoires de guerres, de prédations. Les biologistes estiment ainsi que, pendant un milliard d'années, les bactéries ont surtout cherché à se dévorer.

Pourtant, il y a environ trois milliards d'années, deux bactéries, au lieu de se faire la guerre, se sont mises à travailler ensemble, en créant une nouvelle organisation.

Cette nouvelle forme symbiotique, un petit sac à l'intérieur d'un grand sac, est appelée cellule eucaryote. Une des deux bactéries est devenue le noyau de l'autre, comme si la vraie nouveauté en biologie apparaissait par alliance et non par compétition.

Il faut insister sur le caractère tout à fait singulier de cet événement liant deux êtres « qui n'en font plus qu'un », sorte de *Sumbolon* vivant, et noter que tous les animaux et les végétaux descendent de cette symbiose unique entre deux bactéries, qui forment la première cellule eucaryote.

* *

*

Cette idée de symbiose existait depuis le XIX° siècle dans le monde de la biologie, comme le rappelle Lynn Margulis :

> À l'instar du géologue Alfred Wegener, qui proposa le premier la notion de dérive des continents en constatant simplement que les côtes des continents s'ajustaient comme les pièces d'un puzzle, des biologistes des années 1880, en utilisant le microscope binoculaire, virent des inclusions semblables à des bactéries dans les cellules des plantes et des animaux, et ils supposèrent qu'elles devaient ou avaient dû être des bactéries.

Il y a une trentaine d'années, Lynn Margulis remet cette idée au goût du jour et apporte les preuves scientifiques de la symbiose, notamment par l'étude des différents génomes de ces bactéries.

La symbiose, une source infinie ?

Cette nouvelle forme symbiotique porte en germe tous les animaux et les végétaux, donc une profusion d'espèces, d'histoires qui n'auraient sans doute pas été possible sans elle.

Or le génome de chacune de ces deux bactéries à l'origine de cette cellule avec noyau n'a pas changé ou presque.

Cette nouvelle information ou plutôt ce potentiel gigantesque ne vient pas du génome mais de cette alliance forte entre bactéries, et surtout de cette nouvelle forme, cette nouvelle structure. « Ce qui est transmis d'une génération à l'autre n'est pas seulement l'ADN mais toute l'organisation et la structuration de la cellule et de ses constituants sans lesquelles la séquence d'ADN n'est rien », comme le dit Nadine Peyriéras.

Mais cela ne suffit pas. Il faut aussi que le génome recèle une information cachée.

3.2. Nouvelle signification du génome

Après l'alliance, il doit y avoir « accord », ou combinaison adéquate, des génomes.

Une nouvelle forme apparaît par une sorte d'alliance : Ici, un petit sac logé dans un grand sac. Mais pour que cette organisation perdure à la génération suivante, il faut qu'une description ou si l'on préfère un programme de reproduction à l'identique de celle-ci soit déjà inscrit dans le génome ou plutôt dans la combinaison des génomes de ces deux bactéries.

L'accord des textes ou la combinaison signifiante

Les programmes de reproduction de chacune de ces bactéries doivent de fait se combiner de manière adéquate pour donner un programme de reproduction du nouvel ensemble. Un peu comme si deux phrases, accolées l'une à l'autre, donnaient un texte cohérent dont la signification tout à fait nouvelle décrivait la manière de se reproduire de ce nouvel être symbiotique.

Pour comprendre le caractère extraordinaire de l'apparition de cette nouvelle signification, nous allons reprendre l'image du couple de patineurs artistiques. Imaginons que chacun des deux danseurs invente une figure qu'il maîtrise bien et qu'il décrive celle-ci avec une grande précision dans un texte écrit sur un ordinateur. Nous avons donc deux textes différents.

La première étape de la symbiose, l'alliance, correspond à la découverte d'une entente merveilleuse entre ces deux danseurs et à l'invention par ce nouveau couple d'une figure tout à fait nouvelle, impossible à réaliser seul.

La deuxième étape de la symbiose – l'apparition d'une nouvelle signification du génome – revient à laisser se combiner les phrases des deux textes écrits par les deux patineurs de manière aléatoire. Et de voir apparaître un nouveau texte qui décrirait avec précision la nouvelle figure réalisée par le couple de patineurs !

Figure qui pourrait ainsi être reproduite, à la simple lecture du nouveau texte, par un autre couple de patineurs talentueux.

Voilà qui paraît pour le moins difficile à croire. Cette apparition d'une nouvelle signification du génome est pourtant indispensable à la reproduction de la nouvelle forme symbiotique à la génération suivante. Le phénomène de la symbiose exige donc au moins deux étapes ou deux phénomènes quasi-miraculeux.

Comment une nouvelle signification peut-elle apparaître en accolant deux phrases avec leurs significations ?

Un bout de génome, de l'ADN ou de l'ARN, est un texte, basé sur un alphabet de quatre lettres. Chacune des deux bactéries garde son morceau de génome ou à peu près. Dans chacun des sacs, le texte est donc le même qu'avant la symbiose, mais une nouvelle manière de le lire fait apparaître une nouvelle signification du texte. Pour simplifier, nous appellerons « nouveau logos » cette nouvelle signification du texte.

Une signification cachée peut toujours exister dans un texte. Encore faut-il pouvoir la décrypter. Prenons la phrase suivante :

> Après discussion, nous avons décidé d'emmener Léo au zoo.

Le sens de cette phrase ne paraît pas poser de difficulté. Mais accolons juste avant la phrase suivante :

> Nous avons découvert en pleine ville un jeune lion dangereux avec un collier marqué Léo.

Une nouvelle signification apparaît. Une phrase n'a pas de signification intrinsèque si elle est sortie de son contexte.

La polysémie

On appelle « polysémie » le fait que la signification d'un texte change en fonction du contexte. Ceci était déjà connu du temps d'Aristote, qui abordait la notion de triplet ou de triangle sémiotique dans son livre *De l'interprétation*.[3]

Ce phénomène est également connu depuis longtemps en biologie. Toutes les abeilles ont le même génome. Mais l'une, élevée avec de la gelée royale, va devenir une reine. Certains biologistes se doutaient que le génome ne devait pas être lu de la même façon.

Dans *La part des gênes*, Michel Morange donne de savoureux exemples de polysémie. Il cite le cas du gène pax-6, utilisé dans la construction de l'œil, mais aussi dans des constructions nerveuses. Son action est en outre indispensable, chez la souris, à la formation dans le pancréas des cellules qui fabriquent le glucagon, hormone qui équilibre l'action de l'insuline. On a là plusieurs cas complètement différents d'expression d'un même gène en fonction du contexte de celle-ci.

Revenons à la symbiose entre bactéries : C'est le nouveau logos qui va permettre la préservation de cette forme symbiotique dans la durée. Il recèle la manière de perpétuer cette organisation de cellule eucaryote sous la forme d'un texte décrivant la manière de reproduire cette alliance symbiotique purement géométrique – un petit sac dans un grand sac – qu'il faut retrouver après chaque cycle de reproduction. Il est une image textuelle « en miroir » de cette nouvelle forme symbiotique.

Nouvelle forme géométrique ← | → Nouveau logos

[3] Pour se détendre, cherchons les différentes significations de la phrase : « La belle porte le voile »

Ce nouveau logos écrit dans un langage particulier, le langage de l'ADN, doit être l'image parfaite de la nouvelle forme, à l'instar d'un contrat de mariage notarié qui exprimerait de façon parfaite les rêves d'un jeune couple amoureux. On peut parler d'encryptage, d'écriture. Le contrat notarié représente la dimension rationnelle du mariage, qui ne peut exister que dans un langage et une culture précis.

Si un tel contrat de mariage est en discordance totale avec la vision d'un jeune couple amoureux, cela finira par amener tôt ou tard de sérieuses difficultés.

En bref

L'apparition de cette nouvelle forme symbiotique n'est pas le produit de la mutation du génome. Il faut que le programme de reproduction de cette nouvelle forme préexiste dans ce génome ; faute de quoi, il ne pourrait se révéler lors de la symbiose et donc piloter correctement la reproduction du nouvel organisme.

3.3. Nouveau fluide, nouveau moteur

Si l'origine du processus de symbiose est l'apparition d'une nouvelle forme symbiotique, la nouvelle façon de lire le génome est lié à l'apparition d'un nouveau fluide. Celui-ci est responsable de l'unité de l'ensemble et de la gestion du mouvement.

Comme Lynn Margulis le suggère, le corps humain comporte un grand nombre de fluides parce qu'il est le produit d'une succession de phénomènes symbiotiques : larmes, sang, lymphe, lait, liquide placentaire, liquide céphalo-rachidien, etc.

À chaque apparition ou presque d'un nouveau compartiment dans le règne animal, par exemple le système sanguin, correspond l'apparition d'un nouveau fluide, comme le sang.

Il en est de même dans le règne végétal, avec la sève par exemple. Le fluide est toujours une trace, une preuve, qu'une nouvelle symbiose, et donc une nouvelle forme, une nouvelle compartimentation, est apparue.

Chacune de ces grandes étapes, appelées embranchements en biologie, naît ainsi d'une nouvelle forme symbiotique, qui crée une nouvelle compartimentation.

Avec les mammifères, apparaissent le lait et le liquide placentaire. Entre l'embranchement des poissons et la famille des grenouilles apparaissent la cavité pulmonaire et l'air respiratoire. Avec les reptiles, qui vont donner plus tard les oiseaux, apparaît l'œuf, dont la coquille permet d'isoler du monde extérieur le liquide amniotique, autrement dit le contenu nourricier de cet œuf.

Un embranchement est lié à une réelle innovation de la nature, c'est à dire à l'apparition d'un nouvel organe, d'une nouvelle fonction très différente de ce qui préexiste. Pour cela, un nouveau fluide doit apparaître.

Or ce fluide ne peut se singulariser que s'il est isolé de son milieu d'origine par une paroi. Sinon, il se répand naturellement dans son environnement. Tout en préservant les propriétés du fluide, cette paroi va aussi réguler les échanges avec le milieu extérieur. « Pour créer, il faut toujours séparer » aiment à dire les philosophes.

Quand le réseau sanguin apparaît dans le règne animal, ce qui se passe à l'intérieur de ce nouveau compartiment est très différent de ce qui se passe dans le reste du corps.

Nouvelles compartimentations et nouvelles symétries

Les embranchements du règne animal se sont singularisés les uns des autres par l'ajout successif d'une nouvelle couche de cellule ou feuillet cellulaire.

Tous les mammifères sont construits à partir de 3 feuillets : un extérieur, l'ectoderme, dont les cellules forment le système pileux, la peau et le système nerveux; un intérieur, l'endoderme, qui produit tout le tube digestif, le système respiratoire et les organes qui y sont reliés ; et enfin le mésoderme, un feuillet intermédiaire entre les deux qui est le support de tout le système musculaire et squelettique, et le système sanguin.

Du point de vue géométrique, les mammifères sont caractérisés par une symétrie bilatère, où la partie de droite est le reflet de la partie de gauche.

Remontons le temps et regardons l'embranchement précédent, qui possède un feuillet de moins, le mésoderme. On y trouve des animaux comme les anémones des fonds marins ou encore les méduses de nos plages. Ceux-ci possèdent une symétrie axiale, en « tube ». En remontant encore plus loin, nous revenons à la première cellule animale, avec une seule paroi extérieure. Elle possède une symétrie plutôt sphérique.

On constate donc, au fil des embranchements du vivant, l'apparition de symétries et donc de nouvelles formes suivant lesquelles s'organisent les tissus. Ces formes peuvent être vues comme autant de *Sumbolon*, d'alliances très fortes entre tissus, par exemple entre partie droite et partie gauche, alliances qui font apparaître de nouvelles significations de l'ADN.

De fait, la ressemblance parfaite entre partie droite et partie gauche d'un mammifère correspond à la ressemblance parfaite entre les deux morceaux d'une poterie cassée, les deux morceaux d'un *Sumbolon*. Il y a de fait un lien fort entre la notion de symétrie et la notion de *Sumbolon*. Notre coté droit et notre coté gauche peuvent être vus comme deux êtres « qui ne font qu'un ».

Nous retrouverons ces apparitions « spontanées » de symétries et donc de formes géométriques dans le chapitre consacré à la physique et aux mathématiques d'Alain Connes.

Le fluide est énergie, mouvement, action

Quand deux bactéries travaillent en symbiose pour former une cellule eucaryote, la petite devient le noyau de la grande. Le fluide qui se trouve entre la paroi de la petite et de la grande, appelé cytoplasme, peur alors se mettre en mouvement et tourner autour du noyau. Il acquiert une dynamique propre, en relation avec la nouvelle forme géométrique dans laquelle il se meut.

Un fluide n'a pas de forme propre. C'est la nouvelle forme géométrique apparue au moment de la symbiose qui oriente, qui guide les mouvements du fluide. Le fluide ayant la possibilité d'agir, il peut décider de « déclencher » une nouvelle façon de lire le génome, et faire ainsi apparaître une nouvelle signification du texte, un « nouveau logos ».

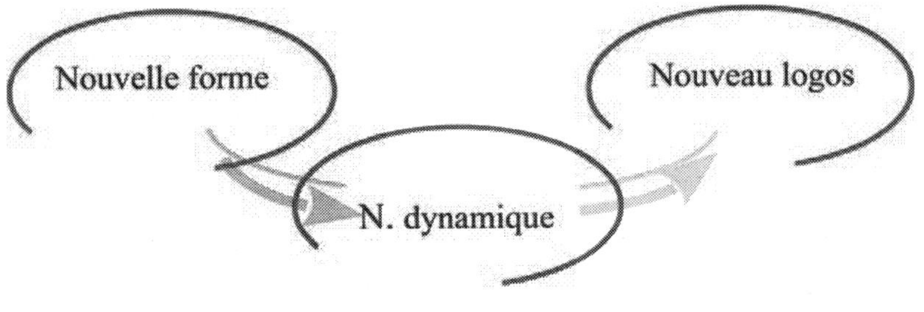

Ce phénomène est plus facile à appréhender avec l'étape « Blastula » du développement de l'embryon d'un animal .

Exemple de la Blastula

L'embryon animal est issu d'une cellule fécondée, l'œuf, qui se multiplie pour former une grappe de cellules agglutinées les unes avec les autres. Au cours de l'évolution du règne animal, ce paquet de cellules révèle une nouvelle géométrie, une nouvelle manière de vivre ensemble, une nouvelle symbiose. Elles inventent une forme de sphère creuse en créant une cavité au centre de cette petite grappe.

Notons que pour un mathématicien, une nouvelle symétrie apparaît – ou plutôt se révèle – avec un ensemble de propriétés très intéressantes.

Les cellules de l'embryon forment ainsi une enveloppe enfermant un liquide intérieur. Elles créent alors une différence de concentration en sels minéraux entre le milieu extérieur et la nouvelle cavité intérieure.

Pour maintenir une certaine concentration en sels minéraux, elles utilisent des sortes de pompes, qui prennent ces minéraux à l'extérieur et les concentrent à l'intérieur. Pour maintenir cette concentration, ces pompes fonctionnent en permanence.

Les sels minéraux finissant néanmoins par s'échapper. Un véritable flux continu se crée, qui ne s'arrête qu'à la mort de l'organisme. Venant du milieu extérieur et traversant l'embryon, ce flux ne peut être enfermé, à l'image du feu qui s'éteint s'il est enfermé, ou du vent qui disparaît si on le prend entre ses mains. Cette concentration élevée attire l'eau à l'intérieur. Elle provoque une nouvelle force, appelée pression osmotique, qui gonfle le ballon.

Pour générer un mouvement, il faut une énergie, une force. Cette nouvelle force osmotique peut « animer » l'embryon, le faire bouger de manière différente de la morula, le paquet de cellules initiales sans cavité intérieure. C'est une nouvelle petite *anima* (âme en latin) ou *Psyché* (en grec).

Les fluides et l'énergie

Les fluides sont toujours présents quand il s'agit d'énergie. Un moulin à eau transforme le flux d'une rivière en énergie. Une automobile transforme du pétrole en gaz d'échappement. Le courant électrique passe par un flux d'électrons. Les engins de chantier sont actionnés par de l'huile sous pression, etc.

Cette force, cette énergie du fluide provient de la nouvelle forme symbiotique, du nouveau système de compartiments. Elle n'a pas d'orientation en dehors de cette nouvelle forme, qui en est la source et qui la canalise, car un fluide ne peut pas avoir de forme en soi. Il a toujours besoin d'être canalisé.

Cependant, ce champ de force n'est pas de même nature que la nouvelle forme. C'est une énergie, une mise en mouvement, qui agit. Si nous insistons sur ce point, c'est pour montrer que les notions de forme et de fluide sont des réalités fondamentalement différentes, chacune étant reliés à deux domaines distincts des mathématiques.

À quoi sert le flux sanguin ? Quelle est la force pilotée par le sang, indispensable à la perpétuation de l'espèce humaine (pour le moment) ?

Un peu de philosophie : Fluide, âme et temps

Un corps d'une grande beauté, s'il a rendu son dernier « souffle », n'est plus « animé ». Il peut garder sa forme et sa beauté, mais il a perdu son âme, sa façon d'exprimer ses émotions par les mouvements de son corps, appelés « idiosyncrasiques », les mimiques que les grands imitateurs aiment saisir.

Qui dit flux, dit temps qui passe. La notion de flux ne peut, en effet, se passer de la notion de temps. Alors que la forme symbiotique est, quant à elle, une notion purement géométrique, intemporelle.

Fluide et calcul instantané du volume

Comment chacune des cellules de la Blastula sait-elle qu'elle fait partie d'un tout, d'une communauté, d'une symbiose ?

Le nouveau fluide présent dans la cavité de la Blastula fait l'unité entre les cellules, grâce à la pression osmotique décrite plus haut.

La taille de la blastula augmente progressivement. Arrivée à un certain volume précis, elle passe à un nouveau stade de son développement. Les cellules se répartissent en deux couches et non plus une seule.

Comment chacune des cellules peut-elle savoir que la taille de la blastula est suffisante pour lire maintenant son génome de façon différente et s'organiser en deux couches de cellules ?

On sait maintenant que la pression osmotique permet à chaque cellule de connaître en un instant la taille de la blastula, puisque la pression varie en fonction du volume. Ce genre de phénomène est décrit par Emmanuel Farge dans son article *L'embryon sous l'emprise des gènes et de la pression* (Pour la science, mai 2009).

Calcul instantané d'un volume

Prenons un exemple simple : une canette de soda toute tordue remplie d'air et fermée de façon étanche. Si nous posons un capteur de pression et que nous cabossons un peu plus cette canette, la mesure instantanée de la pression permet de connaître avec précision la variation de volume, à température égale.

Il existe plusieurs moyens de calculer le volume exact d'un récipient de forme quelconque.

Si l'on connaît la forme exacte de l'enveloppe, on peut faire des calculs mathématiques très complexes – appelés calculs d'intégration – pour connaître le volume.

Une autre méthode consiste à remplir le récipient d'un fluide, puis de mesurer le volume de fluide versé. C'est une façon de faire ces calculs en utilisant les propriétés du fluide.

Sachant que la pression d'un fluide varie en fonction de son volume, la pression osmotique permet à chaque cellule de connaître en un instant la taille de la Blastula.

C'est cette notion de pression, typique d'un fluide peuplé de petites particules en mouvement, en agitation permanente, qui permet de faire le lien entre les cellules et la forme globale de l'embryon, et ainsi de créer une sorte d'unité entre toutes les cellules. Il n'y a donc pas d'unité sans fluide.

Savoir de quel coté de l'enveloppe on se trouve

Quand les cellules, grâce à cette pression, savent que l'embryon est suffisamment grand et qu'il peut passer à un nouveau stade, elles se répartissent en deux couches et non plus une seule. La pression osmotique étant moins forte sur la face externe de l'enveloppe que sur la face interne, une cellule sait si elle se trouve sur la face externe ou interne.

Elle peut ainsi lire son génome différemment en fonction de sa position pour devenir une cellule typique des tissus internes ou des tissus externes comme la peau. C'est donc bien la pression qui déclenche l'expression des gènes correspondant au nouveau logos.

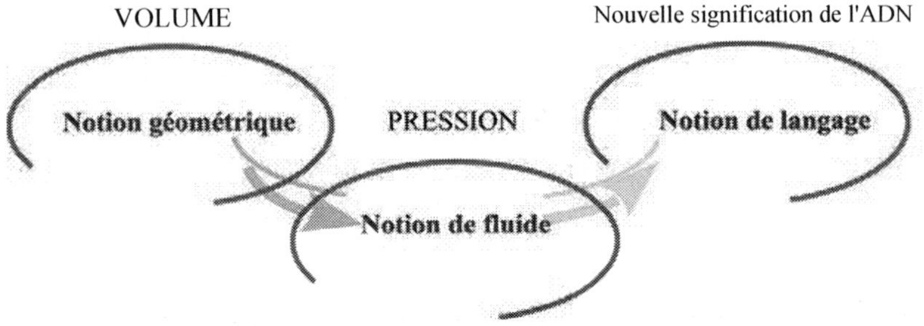

Un peu de philosophie : Le tout et les parties

Les parties deviennent un tout et ne peuvent plus se passer l'une de l'autre. Dans certaines symbioses, chaque composant meurt de façon symbolique à lui-même pour créer du nouveau. Dans d'autres symbioses, la mort d'un des éléments de l'organisme symbiotique peut entraîner la mort réelle des autres. Ainsi, une abeille ouvrière ou la reine meurent si on les isole de cet organisme symbiotique que forme la ruche. Nous donnons d'autres exemples dans l'annexe « Autres symbioses ».

De fait, l'apparition de nouveaux embranchements dans le règne animal correspond souvent à une amélioration du dialogue entre les parties et le tout.

Fluides et mélanges subtils, l'épigénétique

Il faut enfin parler d'une propriété encore plus importante des fluides : La possibilité de faire des alliances subtiles entre les nombreux constituants qui se mélangent dans les différents fluides, comme dans un parfum.

Nous avons vu plus haut que la puissance d'un parfum repose sur les pondérations, les poids relatifs de ces différents composants. Ces alliances entre constituants, comme celles des hormones dans le cerveau humain, sont d'une infinie subtilité et complexité. On sait aujourd'hui que des cocktails à priori proches sont capables de déclencher des lectures très différentes de l'ADN, et donc de faire apparaître de nouvelles significations de celui-ci.

A partir d'un matériel génétique identique, une nymphe d'abeille donnera ainsi deux abeilles tout à fait différentes, une reine ou une ouvrière, si elle est nourrie ou non de gelée royale. C'est le cocktail de nutriments bien précis de la gelée royale qui, en se diffusant dans les fluides de l'organisme, déclenche cette lecture spécifique du génome.

Ce domaine de recherche, fortement lié à la notion d'épigénétique, prend de plus en plus d'importance en biologie.

3.4. Embryologie et philosophie

Ce livre n'est pas un traité de bactériologie et encore moins d'embryologie. Mais l'exemple de la blastula est important car il va nous permettre d'introduire de façon intuitive les 3 dimensions mathématiques décrites dans ce livre et leurs relations profondes.

Un embryon possède une forme.

Il possède aussi un texte, son ADN, qui n'a de signification qu'en fonction de la forme, autrement dit du contexte : Une séquence d'ADN qui décrit la façon de faire évoluer une cellule vers une cellule de l'endoderme n'a pas de sens s'il n'existe pas d'intérieur. Mais comment faire le lien entre la forme et l'ADN ?

L'agitation du fluide permet d'interpréter le texte en fonction de la forme.

Ce faisant, il crée aussi une unité entre les cellules de l'embryon qui se révèlent alors faire partie d'un tout.

Une nouvelle « anima » apparaît. N'oublions pas que l'étape de la blastula est propre à tout le règne *animal*, les êtres considérés comme « animés ».

Les 3 cerveaux et les 3 dimensions de l'amour

De la même manière, le cerveau de l'émotion fait l'unité entre les deux autres cerveaux : Il utilise des fluides pour diffuser les hormones qu'il contrôle. Une émotion s'exprime par l'élévation de la pression sanguine, l'apparition de larmes ou un changement de respiration. On a le « sang chaud », on est « sous pression ».

Si le cerveau droit est amoureux, il va passer par le cerveau de l'émotion, aussi considéré comme le siège des « humeurs », pour diffuser un cocktail d'hormones « amoureuses » dans un fluide qui va baigner le cerveau gauche. Celui-ci va trouver les phrases adaptées à la culture, à la langue de l'autre, pour lui dire cet amour.

Mais la paternité du discours prononcé par le cerveau gauche revient au cerveau droit, seul à pouvoir imaginer toutes les caractéristiques non-dites du contexte en jeu.

En bref

Les choses peuvent se faire de façon plus complexe en embryologie. Le fluide peut ainsi modifier son « interprétation » du texte en fonction du milieu environnant, ce qui correspond à l'épigénétique. Une forme peut aussi évoluer de façon dynamique.

Mais cette notion de triplet « de base » est une réponse simple au vieux casse-tête de la biologie : Si un texte, et donc une séquence d'ADN, n'a jamais de signification en soi, qui peut bien lire ce texte et lui donner un sens ? Nous retrouvons ici le problème du triplet (ou de la triade) sémiotique (lié au problème du « sens ») de Charles Sanders Peirce, que l'on étudiait déjà chez Aristote au IV° siècle avant J.-C.

3.5. Pour les amoureux des mathématiques

Apparition d'une forme avec une nouvelle symétrie

Imaginons qu'aucune sphère creuse ne soit jamais apparue sur terre. Quand la forme symbiotique de type Blastula apparaît, peut-on dire qu'elle invente quelque chose ou qu'un certain type de symétrie se révèle ?

Là encore, la forme symbiotique est tout sauf le fruit du hasard. C'est une trouvaille. Tout comme l'invention du sonar est une trouvaille qui permet aux chauves-souris de s'orienter dans la nuit. Il ne s'agit pas d'un assemblage au hasard plus « performant » qu'un autre, d'une combinaison parmi d'autres. L'ADN, simple combinaison de lettres, ne peut savoir ce qu'est un compartiment sanguin, forme fractale complexe, pas plus qu'une forme relevant d'une symétrie sphérique, bilatérale ou dodécaédrique.

Il faudrait un développement un peu long pour montrer que l'apparition au hasard d'une nouvelle séquence d'ADN ne peut créer un plan animal avec un côté droit et un gauche. En revanche, l'ADN de nos cellules n'est pas lu de la même manière si celles-ci sont d'un côté ou de l'autre. Une forme bilatérale s'est révélée ainsi, parce que des cellules ont trouvé une symbiose d'un nouveau type.

* *
*

De même, l'ADN ne peut savoir ce qu'est une surface « fractale » comme celle de nos poumons, avec une « dimension fractale », un nombre irrationnel très précis, qui joue un rôle important dans le fonctionnement de l'échange entre l'air et le sang.

La découverte par les abeilles de la forme de « nid d'abeille » avec une symétrie et des propriétés de résistance étonnantes a été réutilisée par les constructeurs aéronautiques.

* *

*

L'information contenue dans une séquence d'ADN peut se stocker dans un ordinateur sous la forme d'une suite de 0 et de 1. Elle ne représente pas plus d'information qu'un nombre entier, un élément du petit infini.

Or la géométrie ressort d'un monde bien plus riche, le grand infini, irréductible au petit infini des nombres entiers. Cette idée est fort bien décrite par le mathématicien anglais Roger Penrose dans son livre *L'esprit, l'ordinateur et les lois de la physique*. Nous verrons plus en détail ces différents infinis ou plutôt ces différentes tailles d'infini au chapitre consacré à la science de l'infini.

Symétrie et orientation du nouveau « champ magnétique »

Dans la blastula, la symétrie de la sphère, liée à l'apparition d'une forme d'enveloppe creuse, est importante puisqu'elle rend possible l'apparition, avec le nouveau fluide, d'un champ de force dynamique, qui va maintenir l'enveloppe gonflée. L'orientation du champ de force produit par le fluide est guidée par la géométrie de la sphère creuse.

Nous nous attardons sur cette notion, car cela aura son importance lors de la génération des équations de la physique quantique par le triplet spectral de Connes. En effet, un groupe de symétrie, le groupe de Galois cosmique, apparaît comme « venue de nulle part », un peu comme la forme de sphère creuse de la blastula.

Notion de probabilité

Le monde des flux, de l'énergie, utilise les probabilités et les statistiques, tandis que le coup de foudre et la symbiose sont des apparitions d'une forme, notion géométrique, et que l'ADN appartient au monde du langage, de la logique.

FORMES
Monde des distances
Géométrie
CD

PHRASES
Monde des nombres
Arithmétique, logique
CG

FLUIDES, ÉNERGIE
Monde des probabilités
Statistiques
(Thermodynamique)
CL

Intégration et 3° infini

Un fluide permet de calculer de façon instantanée le volume d'un compartiment de forme très complexe. On appelle cela une « intégration » en mathématiques. Cela est possible parce que le monde des fluides a accès à un monde mathématique se situant entre le monde du calcul et de la logique (le petit infini) et le monde de la géométrie (le grand infini). S'agit-il du 3° infini ?

On retrouve cette question dans l'exemple d'une membrane savonneuse, décrit par Roger Penrose dans son livre *Les lois de l'univers*, page 189. La hauteur de cette membrane est une solution d'un type d'équation plutôt complexe, une équation de Laplace. Peut-on dire que ce fluide – de l'eau servant de solvant à des molécules de savon – calcule ou non ?

En tout cas, il trouve en une fraction de seconde la solution. Les fluides permettent ainsi de résoudre de façon plus générale de nombreux problèmes dits d'optimisation.

Cette propriété est liée au mouvement aléatoire des nombreux constituants d'un fluide, notion que nous reprendrons plus loin.

Les 3 rôles principaux du fluide

Le fluide, et donc la probabilité, est un monde ayant trois dimensions correspondant à trois fonctions indispensables à la symbiose, en relation avec les trois dimensions du triplet :

CD – Il permet des alliances subtiles comme dans un parfum.

CG – Il permet de faire des calculs.

CL – Il permet enfin de gérer une force (avec une pression).

ALLIANCE : Intrication

Cocktail hormonal, parfum

Pas de mouvement

Probas bayésiennes

CD

CALCUL D'INTÉGRATION

Calcul d'un volume

instantané

Probas « opérateurs »

CG

FORCE, ACTION

Pression osmotique

Thermodynamique

Probas temporelles « forces »

Le temps, l'horloge à sable, l'eau des clepsydres

CL

3.6. Un peu de philosophie : Symbiose et cause finale

Nous avons vu que l'ajustement étonnant entre l'Afrique et l'Amérique du Sud peut être vu comme un *Sumbolon*, un ensemble qui a été cassé en deux morceaux dans le passé.

Chose bien plus étonnante, il existe aussi des *Sumbolon* qui ne viennent pas du passé, mais du futur, ce qui correspond au phénomène que Platon et Aristote appellent une « cause finale » : Par exemple, l'endosymbiose.

Tout le règne animal et végétal est issu d'une seule cellule qui a été le résultat d'une symbiose entre deux bactéries, assez différentes en taille et en fonctionnalités. L'une devenant, avec son génome, le noyau de l'autre.

Deux bactéries qui se mettent à vivre en symbiose ne viennent pas d'un *Sumbolon* passé qui se serait cassé en deux, comme l'Afrique et l'Amérique du Sud. D'où vient alors cette « union » si particulière qui va donner le règne végétal et animal ?

On peut étudier très longtemps ces deux bactéries de façon indépendante à l'aide d'outils puissants, on ne pourra jamais en déduire à priori que la symbiose entre les deux peut entraîner l'apparition de la girafe ou de la tomate. Un peu comme deux patineurs artistiques ne peuvent faire seuls ce qu'ils font ensemble quand ils dansent avec harmonie, en symbiose.

Le propre d'une symbiose est justement que le passé n'explique pas le futur. En revanche, l'étude de ce nouvel être symbiotique révèle quelque chose des deux bactéries venues du passé. Le futur éclaire parfois le passé, et non l'inverse.

Un temps pour chaque type de cause

La plupart du temps, les événements sont produits par des causes formelles ou logiques (venues du passé ; ce que l'on peut ainsi définir ou expliquer à l'aide de phrases) ou des causes motrices (venues du présent), comme dans l'effet papillon.

Dans un fluide comme l'atmosphère terrestre, le simple battement d'aile d'un papillon au large du Japon peut provoquer un ouragan au milieu des Caraïbes quelques jours plus tard. La cause de cet ouragan disparaît lorsque l'on remonte dans le passé. On dit qu'il s'agit d'une cause motrice (ou cause efficiente), imprévisible, qui surgit en quelque sorte du présent.

Une symbiose correspondrait à un plan global préétabli, produit d'une cause finale (tendue vers un projet finalisé, comme pilotée par le futur).

L'apparition d'une telle cause finale est un événement rare. Une symbiose fructueuse n'arrive pas tous les jours. Nous verrons au chapitre consacré à la physique théorique, à propos des quasicristaux, comment un tel phénomène peut apparaître en physique.

3.7. Le plan n'est pas dans l'ADN

Contrairement à ce que beaucoup de passionnés de biologie pensent, le plan n'est pas dans l'ADN. En effet, pour qu'apparaisse cette forme en trois dimensions qu'on appelle cellule eucaryote, il a fallu que deux micro-organismes s'allient, travaillent ensemble et forment ainsi un nouvel être. Il ne s'agit pas de modifications aveugles du génome par mutation génétique aléatoire.

Ces mutations existent, ainsi que la sélection naturelle, mais elles n'expliquent pas le phénomène de l'endosymbiose. Nous abordons dans l'annexe « Symbiose et sélection naturelle » les liens entre ces deux notions, qui mériteraient un livre entier.

Le nouveau fonctionnement, avec l'apparition d'une nouvelle forme, d'un nouveau flux et d'une nouvelle signification du génome, est le résultat de l'alliance unique entre deux bactéries. Une alliance solide puisqu'elle dure depuis si longtemps, au cœur des cellules de chaque végétal ou animal.

Cette forme symbiotique ne donne pas un nouveau plan. Elle « est » le nouveau plan. Elle pourrait être considérée comme une sorte de création, de projet, d'idée en elle-même, qui porte en germe l'apparition ultérieure des végétaux et des animaux. Une cause finale au sens d'Aristote.

TRIPLET SYMBIOTIQUE

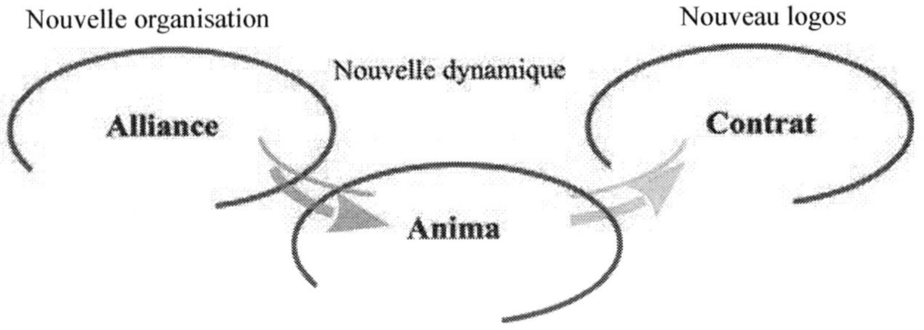

Cette alliance est le projet lui-même, autrement dit une projection dans le futur. Mais pour que la symbiose soit complète, donc trinitaire, le plan de ce projet doit aussi apparaître dans le génome, où il était comme caché, mais déjà présent. Et cette symbiose doit être vivante, animée, donc munie d'une *Anima* (d'une dynamique propre) qui apparaît typiquement sous forme d'un fluide.

Nous allons revenir au chapitre suivant, avec les neurones miroirs, sur l'importance de cette nouvelle *Anima*, cette nouvelle dynamique, qui permet d'interagir avec le monde, de construire une nouvelle relation au présent, toujours plus intime, toujours plus réactive à l'imprévu, comme les ailes du papillon.

4. La vision

« Ou comment le tout dialogue avec les parties », Arcimboldo

Existe-t-il au monde des entreprises où l'on s'occupe autant du lien entre l'homme et la machine que chez les grands constructeurs aéronautiques ?

A la fin des années 90, nous travaillons avec Airbus et les médecins de l'université de Médecine Paris V, sur les moyens de détecter les prémisses de l'endormissement des pilotes, par une caméra orientée vers le visage de ceux-ci.

Un bâtiment entier d'Airbus est occupé par le département « *Human Factor* ». A chaque incident mettant en jeu un appareil, une armée de spécialistes des facteurs humains étudie à la loupe l'histoire de l'incident et des relations fort complexes entre l'homme et la machine au cours de l'épisode, puis rédige des conclusions pertinentes dans un document synthétique de 3 ou 4000 pages.

Sous le cockpit d'un Airbus, se trouve la « cave », petite pièce remplie d'ordinateurs chargés de surveiller dans les moindres détails le travail des pilotes, en fonction d'un nombre considérable de paramètres de vol.

Surveiller le conducteur d'une voiture est devenu banal. Si vous cherchez à stopper votre voiture dernier cri en appuyant trop fort sur la pédale, l'ABS va doser la pression appliquée sur les disques de frein pour que les roues ne se bloquent pas.

Sur un avion de ligne, c'est un peu la même chose en plus sophistiqué. Il faut suivre en permanence les décisions prises par les pilotes, qui peuvent parfois connaître quelques accès de fatigue ou commettre des erreurs. Est-ce l'homme qui surveille la machine, ou le contraire ? Un peu des deux. Certains ingénieurs pensent d'ailleurs qu'un avion de ligne serait beaucoup moins cher à concevoir et à fabriquer si on pouvait se passer de pilote.

Nos caméras énervent un peu les pilotes d'essai d'Airbus. Certains reconnaissent dans l'objectif braqué sur eux l'œil globuleux de HAL, l'ordinateur bien élevé mais trop humain du vaisseau spatial du film *2001, l'odyssée de l'espace* ; et ce souvenir les fait plutôt sourire. Mais être surveillé jour et nuit dans le cockpit par des caméras ne plaît pas à tous, et je les comprends.

Nous étudions les mouvements du visage et de ses composants pour tenter de détecter les signes précurseurs de l'endormissement ou de l'hypovigilance des pilotes que l'on mesure à l'aide d'électro-encéphalogrammes. Les premiers prototypes commencent à fonctionner, à détecter les yeux, l'amplitude et la vitesse de fermeture et d'ouverture des paupières.

Mais après plusieurs années de travail, nous comprenons que les approches utilisées dans le laboratoire de Mathématiques de la décision à l'université Dauphine ou dans celui de l'INRIA ne pourront résoudre un problème plus grave que prévu : La lumière très puissante, qui se reflète à 10.000 mètres sur les lunettes des pilotes, cache une partie des yeux. C'est ce que j'appelle l'effet puzzle ou l'effet Arcimboldo. Le cockpit et les nuages extérieurs se reflètent sur les verres et découpent en morceaux les yeux des pilotes, et ce de façon très complexe. Le cerveau humain met de côté tout ce qui correspond aux reflets et reconstitue les yeux à partir de quelques rares morceaux du puzzle. Mais les modèles mathématiques classiques que nous utilisons n'en sont pas capables.

Lors de ma thèse de sciences naturelles, j'avais rencontré le même type de problème de reconnaissance de formes appliqué non pas à un pilote, mais à un tout petit moucheron mortel d'Amérique du Sud.

Avec la détection de l'hypovigilance, je suis une fois de plus confronté aux mêmes difficultés que je pense être insurmontables sans percée décisive en mathématiques.

Airbus ainsi que certains constructeurs automobiles sont prêts à continuer à nous financer toutes les études nécessaires, informatiques, médicales et autres. Pour eux, l'enjeu est important, surtout avec les avions long courriers, et notamment le nouvel avion A380 en phase de conception, qui peuvent voler 17 heures sans toucher le sol. Mais nous comprenons qu'avec nos modèles mathématiques actuels, tout produit final sera inacceptable pour Airbus et surtout ses clients. Les responsables nous expliquent qu'après un certain âge, beaucoup de pilotes de ligne portent des lunettes et ils ne peuvent se permettre de proposer aux compagnies aériennes un système moins efficace pour ces derniers. La mort dans l'âme, nous ne renouvelons pas le contrat et je décide d'interrompre le développement du système informatique pour repartir dans la recherche théorique.

Je m'intéresse alors à un chercheur étonnant, Alain Connes, qui propose des mathématiques très originales pour comprendre la physique quantique, un monde où la réalité n'existe que dans la mesure où on essaye de la percevoir. Le cœur de ce nouveau continent mathématique repose sur un triplet étrange, le triplet spectral.

En réfléchissant, à partir de cet univers mathématique, sur certaines découvertes récentes de la biologie, de la cristallographie, de la physique quantique et des neurosciences, je comprends petit à petit qu'émerge devant nos yeux un nouveau paradigme, un nouveau modèle, qui nous permettra peut-être de résoudre avec élégance beaucoup de questions liées à la perception et aux sciences cognitives en général.

* *
*

Pour comprendre comment nous sommes capables de reconnaître un visage, nous allons d'abord refaire un détour par le cerveau, à la fois unique et trinitaire, et la raison pour laquelle chacun de nos trois cerveaux évolue de façon privilégiée dans un des trois mondes mathématiques.

Puis nous tenterons de contourner les difficiles notions mathématiques indispensables à la compréhension des découvertes de Cantor, Alain Connes ou Roger Penrose, et ce en utilisant les capacités de notre cerveau à appréhender les images.

Nous présentons nos excuses à nos amis mathématiciens, neurologues ou spécialistes de problèmes de reconnaissance des formes pour les quelques raccourcis pris dans ce chapitre pourtant plus technique que les précédents.

L'objectif est encore une fois de montrer à quel point le paradigme du triplet est à la fois fructueux et indispensable à la compréhension des phénomènes de perception.

4.1. La création des alliances

La perception d'un visage commence par une étape de même nature que la symbiose décrite au chapitre précédent. Tout comme en Biologie, où les choses intéressantes partent d'une alliance entre deux bactéries – ou entre plusieurs cellules – « qui ne font plus qu'une », la perception commence elle aussi par une sorte d'alliance entre différentes parties d'une image "qui ne font plus qu'une", et ce avec une évidence absolue.

Sous nos yeux, les fruits d'un tableau d'Arcimboldo s'assemblent et s'unissent pour donner un visage. Une fois le visage perçu, il devient impossible de ne plus le voir.

On peut parler d'alliance entre les fruits du tableau car le résultat de la juxtaposition des fruits est plus signifiant que la somme de la signification individuelle de chacun des fruits.

Comme dans le cas de l'apparition d'une nouvelle forme symbiotique de type Blastula, une forme s'impose ici à notre cerveau comme un tout, la forme d'un visage.

Des mots peuvent aussi s'unir, comme l'écrit le poète Nicolas Bouvier :

> La poésie, c'est lorsqu'une chose rencontre un mot pour la dire – et souvent ces fiançailles se font attendre longtemps. Et lorsqu'une image trouve enfin la phrase qui l'aime et qui l'habille, c'est encore de la poésie.

Évidence et archétype

On voit de manière évidente que la disposition des éléments du tableau n'est pas le produit du hasard, tout comme la ressemblance entre l'Afrique et l'Amérique du Sud. Wegener voit bien que la probabilité que tout cela soit le fruit du hasard n'est pas faible, mais nulle. Cette certitude s'impose à nous.

Un archétype est une image forte, caractérisée et reconnaissable, par exemple la forme du papillon :

Le cerveau droit gère des formes archétypales comme celle de l'Afrique. Il peut alors reconnaître la ressemblance entre cette forme et la côte de l'Amérique du Sud.

De la même manière, notre cerveau droit gère la forme archétype « visage humain ». Face au tableau d'Arcimboldo, il reconnaît la ressemblance évidente de l'ensemble formé par différentes parties du tableau avec un visage archétype.

4.2. La signification des parties de l'image

Comme en biologie, où deux bactéries ne « font plus qu'une », et où la petite bactérie prend une nouvelle signification et devient alors le noyau du nouvel être, la pêche peinte par Arcimboldo prend une nouvelle signification, avec une nouvelle étiquette : « joue du visage ». Il devient possible de prononcer la phrase : « La joue de ce visage est bien rebondie » ou bien « Ce type a de bonnes joues ».

Une phrase n'a de signification qu'en fonction du contexte dans lequel elle se trouve plongée. De même, la pêche n'a de signification en tant que joue bien rebondie que dans le contexte du visage qui s'impose à nous.

Le cerveau gauche, qui nous permet de donner une nouvelle signification aux différentes parties de l'image et de produire des phrases à propos de celles-ci, n'est pas le même que celui qui « voit » le visage. Le cerveau spécialiste des visages et des alliances évidentes entre les parties d'une image est l'hémisphère droit. Même si les choses sont bien entendu plus complexes puisque l'hémisphère droit peut avoir des capacités de langage et le gauche des capacités visuelles.

Pour reprendre l'exemple de Wegener, les parties de la carte, continents mais aussi montagnes, acquièrent une nouvelle signification. La vision GLOBALE vient avant la caractérisation des différentes formes LOCALES.

Arcimboldo joue ainsi avec le fait que nous, ou tout au moins notre cerveau droit, reconnaissons un visage dans sa globalité avant de reconnaître les composants du visage.

4.3. De la vision globale à la vision détaillée

Comment passe-t-on de la vision globale à la caractérisation des éléments locaux par le cerveau gauche ?

Il nous faut un moteur qui mette en mouvement de façon très rapide les yeux d'une partie à l'autre du visage. Ce moteur est en première approximation le cerveau limbique. Les cerveaux droit et gauche possèdent une partie « limbique » capable d'action, mais nous simplifierons les choses en ne parlant ici que du système limbique principal, situé sous les hémisphères droit et gauche.

Pour animer nos yeux, le cerveau limbique gère tout un ensemble de forces d'attraction ou de répulsion, adapté à la forme archétype du visage, qui se traduisent par de nombreuses saccades oculaires des yeux à la bouche, de la bouche à la joue droite, etc.

Le désir, moteur de la mise en action

Devant un visage, le cerveau limbique sera davantage attiré par les yeux. Devant le buste d'une femme, le cerveau limbique de nombre d'entre nous sera attiré par d'autres parties de l'image.

Cette mise en action de nos yeux vers telle ou telle zone de l'image n'est pas rationnelle. Elle est liée à un désir, à une émotion et à une volonté de trouver une joue ou une bouche à l'endroit indiqué par notre cerveau droit.

Les géologues qui vont prendre au sérieux la vision de Wegener finiront par être attirés par certaines zones, notamment la zone de création du socle océanique située à égale distance de l'Afrique et de l'Amérique du Sud au fond de l'océan atlantique. C'est en explorant cette zone qu'ils finiront par satisfaire leur cerveau gauche en trouvant une explication rationnelle à la dérive des continents.

Agir sur une image en la triturant

Quand on a une vision globale d'une image, notre cerveau agit sur les différentes composantes de l'image et les modifient, les déforment, les fait passer l'une sur l'autre, voire les met en mouvement. C'est le travail du cerveau de l'émotion. Rappelons que le mot 'émotion' signifie mouvement. Nous agissons donc sur les images pour les déformer, pour rajouter des lignes qui n'existent pas.

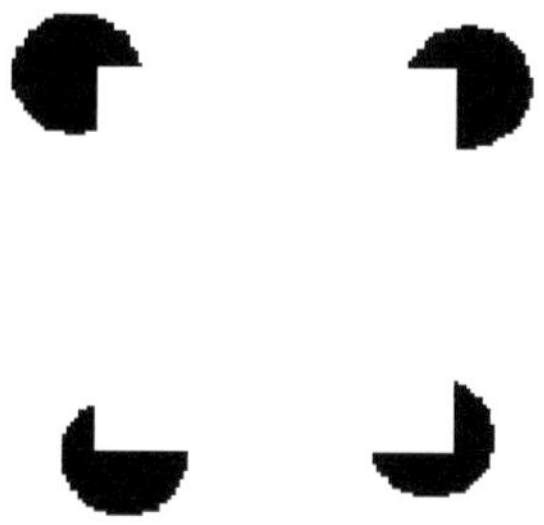

Sur le dessin ci-dessus, notre cerveau « voit » un carré blanc placé sur quatre petits ronds noirs. Mais ce carré blanc n'existe pas vraiment dans l'image. Nous ajoutons des lignes imaginaires pour lui donner un contour, puis nous le « plaçons » au-dessus de ces quatre ronds noirs que nous créons en fait derrière le carré.

Notre cerveau est capable de transformer chaque partie d'une image de façon très complexe en fonction de la vision globale de formes archétypes qu'il a en mémoire, ici un carré.

Comme nous l'avons vu dans le prologue, la réflexion des nuages sur les lunettes des pilotes d'avion empêchent les ordinateurs de reconstruire la forme de l'œil à partir d'indications fragmentaires. Ce que notre cerveau réalise facilement.

Notre cerveau limbique est capable de séparer ce que le cerveau droit lui indique comme étant le visage des reflets qu'il va « placer » au-dessus du visage.

Au passage, il va redessiner les contours manquant des parties du visage, et les déformer si besoin, pour que le cerveau gauche puisse ensuite interpréter l'image comme étant celle d'un visage dont les paupières par exemple se ferment plutôt lentement.

Interagir avec une chaise pour la reconnaître

Devant la photo d'une chaise inhabituelle, sortie de l'atelier d'un créateur, notre cerveau droit doit parfois faire un travail d'imagination pour « voir » une chaise.

Notre cerveau limbique doit alors interagir avec ce qu'il observe. Il doit simuler intérieurement l'action de « s'asseoir sur ce qui pourrait être vu comme une chaise » pour se convaincre qu'il s'agit bien d'une chaise. Et il fait ainsi ressortir certaines caractéristiques de la forme présente dans l'image. Notre cerveau gauche peut alors décrire cette chaise à l'aide de phrases, et parler de la hauteur du dossier, de la largeur de l'accoudoir, etc.

Le cerveau limbique est ainsi capable de mettre en action notre regard, d'agir et de transformer une image, de simuler une interaction de notre corps avec l'objet observé.

Nous verrons dans le paragraphe consacré aux neurones miroirs qu'il peut aussi donner vie à un visage humain situé en face de lui pour pouvoir lui prêter une émotion précise. Notre cerveau de l'émotion, spécialiste du mouvement, peut même « faire rire aux éclats » le visage d'Arcimboldo en jouant avec les parties de l'image. Le 3° cerveau peut ainsi réunir les deux autres en donnant vie à cette image, autrement dit en plaquant une émotion, et donc un ensemble de mouvements, sur le visage.

En bref

Le cerveau droit voit des alliances évidentes.

Le cerveau limbique met en mouvement ce visage, en y apposant des émotions.

Le cerveau gauche produit ensuite des phrases : « il a de bonnes joues », « il a l'air enjoué », etc.

5. La science de l'infini

Si on ôte de tous les arts l'art de **mesurer**, de **compter**, de **peser**, on peut dire que ce qui restera de chacun d'eux n'aura pas grande valeur, Platon, *Philèbe*, 55e

Il y a autant de points dans une droite que dans un plan [...] Je le vois mais je ne le crois pas !, Georg Cantor

Cantor nous a donné un paradis dont nul ne pourra nous chasser, David Hilbert

Nous allons maintenant aborder le triplet mathématique formé par la géométrie, l'algèbre et les probabilités. Il semble en effet que ces trois mondes correspondent à trois infinis différents. En essayant d'évaluer la taille respective de chacun de ces trois infinis et leur relation avec les trois cerveaux, nous verrons qu'un ordinateur ne pourra jamais reconnaître un visage avec certitude.

Cantor et la découverte du petit et du grand infini

Un beau jour de l'an 1874, le mathématicien Georg Cantor propose une bien curieuse idée : il existe des infinis de taille différente. Et il le démontre.

L'avantage d'une preuve mathématique réside dans son caractère indiscutable. Les mathématiques sont pure logique. Une erreur ne pardonne pas, et vos collègues ne vous loupent jamais. Chose rare, cette preuve est accessible à tout un chacun et tient en quelques lignes. Sa démonstration est courte, simple, rigoureuse, impeccable.

Cantor est aujourd'hui reconnu comme un des plus grands mathématiciens de tous les temps. Et pourtant, la plupart de ses collègues l'ont considéré comme nul, fou ou les deux à la fois.

Leopold Kronecker, l'un de ses professeurs, le traite de « charlatan de la science », de « renégat » et l'accuse même de « corrompre la jeunesse », un peu comme Socrate quelques siècles auparavant !

Leopold Kronecker pense que les infinis de Cantor sont une illusion, une « vue de l'esprit » et le résume ainsi :

> Dieu a créé les nombres entiers ; le reste est l'œuvre de l'homme.

Le grand Poincaré lui-même, découvreur de la relativité restreinte avec Einstein et de la topologie, une branche fondamentale des Mathématiques, refuse la théorie de Cantor et déclare que celle-ci est une « maladie » dont il faudra guérir un jour les mathématiciens.

Ce n'est pas tant Cantor que l'on attaque, que sa démonstration et ses conséquences. Car voilà, cette théorie touche de très près à une des plus anciennes et des plus méchantes batailles philosophiques et théologiques : Peut-on parler de l'infini ?

Cantor sera très affecté par ces attaques et ce déluge de ciguë venant de ses collègues, et mourra dans un asile.

David Hilbert (1862–1943), un des plus grands savants de cette époque, décrit la théorie de Cantor comme :

> Le produit le plus étonnant de la pensée mathématique, et une des plus belles réalisations de l'activité humaine dans le domaine de l'intelligence pure.

Cantor a réussi à démontrer qu'il existe des infinis « plus ou moins grands » et sa théorie est aujourd'hui considérée comme l'un des fondements des mathématiques.

L'indéfini dénombrable

A priori, il existe deux fois moins d'entiers pairs (0,2,4,...) que d'entiers (0,1,2,3,4,...), n'est-ce pas ?

En fait, Cantor comprend qu'il n'en est rien et le démontre.

Il y a le même nombre – infini – de nombres pairs et de nombres entiers.

L'exemple du bal populaire

Imaginons que nous organisions un bal populaire destiné à marier tous les célibataires du coin.

Nous voyons arriver deux bus infinis, l'un avec des danseurs portant sur le dossard un numéro : 1,2,3,... l'autre avec des danseuses portant sur le dossard un numéro pair : 2,4,6,... Stupéfaction des premiers danseurs qui descendent du bus : Nous sommes deux fois plus nombreux que les danseuses ! Les esprits s'échauffent. Les danseurs exigent de se faire rembourser et veulent repartir.

Nous pouvons sauver la situation. Il suffit de prendre le micro et de dire à chaque danseur de choisir la danseuse portant un numéro égal au double de son numéro. Même s'il n'existe pas de danseuse portant le dossard 17, le danseur numéro 17 sait qu'il existe dans le bus infini des danseuses une jeune femme portant le numéro 34. Il lui suffit d'attendre un peu pour la trouver à la descente du bus. En effet, à chaque numéro entier correspond un nombre pair : son double. En suivant cette consigne, chacun trouvera bien sa chacune. Voilà les danseurs rassurés, et notre bal populaire sauvé.

Pourquoi y a-t-il le même nombre – infini – de nombres entiers et de nombres pairs ? Parce que « deux fois l'infini égale l'infini ». Cela n'a l'air de rien mais représente un tremblement de terre pour la petite communauté des mathématiciens de la fin du XIX° siècle.

On peut représenter cette sorte de correspondance entre chaque nombre entier et chaque nombre pair ainsi :

0	–	0
1	–	2
2	–	4
3	–	6
...		...

À chaque nombre entier dans la colonne de gauche correspond un nombre pair dans la colonne de droite. On pourra toujours marier un nombre de la colonne de droite avec un nombre de celle de gauche. Les deux ensembles sont bien de même nombre : Il y a autant de nombres pairs que de nombres entiers ! C'est ce que l'on appelle l'infini dénombrable.

Si vous n'êtes pas convaincus, sachez que les plus grands mathématiciens contemporains de Cantor n'ont pas compris cette démonstration.

Interlude : 2+2 font-ils bien 4 ?

Rappelons que l'infini se note ∞ en Mathématique. Si « deux fois l'infini égale l'infini », peut-on dire que $\infty + \infty = \infty$? autrement dit que « $1+1 = 1$ » dans le monde des infinis ?

Cela peut paraître épouvantable, mais c'est effectivement ce qui se passe dans ce monde si particulier. On comprend mieux l'effroi de mathématiciens comme Henri Poincaré face à cette « science de l'infini » proposée par Cantor. Les mathématiques ne sont plus « logiques ». De fait, la logique correspond au seul petit infini, l'infini des nombres entiers ou infini dénombrable.

Chose encore plus curieuse, les nombres rationnels (un nombre entier divisé par un nombre entier : comme 2/3 ou 3/4) ne sont pas plus nombreux que les nombres entiers !

Le prouver est un peu plus compliqué que de montrer, comme plus haut, la correspondance entre nombres entiers et nombres pairs, mais ils sont bien dénombrables. Autrement dit, il y a un nombre infini de rationnels, mais il s'agit du même infini que celui des entiers naturels, l'infini dénombrable. Il existe le même nombre de rationnels que d'entiers.

L'infini du continu

Il n'en va pas du tout de même avec ce que l'on appelle les nombres « irrationnels » (comme Pi ou √2).

Les nombres irrationnels apparaissent dès l'antiquité quand on étudie des figures géométriques, comme un triangle ou un cercle. On démontre alors qu'une distance comme √2 ne peut pas s'écrire sous la forme d'un rapport de deux nombre entiers. √2 n'est pas un rationnel ; ceci à la grande stupéfaction des pythagoriciens, pour lesquels toute grandeur mathématique peut se ramener à un nombre rationnel.

Ce monde des distances va une fois de plus, au XIX° siècle, horrifier la communauté des mathématiciens.

L'ensemble des nombres rationnels et irrationnels est appelé l'ensemble des réels. Il représente ce que la « réalité » nous impose quand on mesure des distances sur des formes géométriques.

En 1874, le génial Cantor réussit à démontrer que les réels sont infiniment plus nombreux que les entiers pourtant en nombre infini. Voici comment il prouve qu'il y a deux infinis (au moins) dont l'un est beaucoup plus grand que l'autre.

Cantor se sert d'un raisonnement par l'absurde : Si on considère qu'il y a autant de réels que d'entiers, il doit alors être possible de mettre en correspondance les réels et les entiers. Or Cantor va réussir à prouver que ce n'est pas le cas.

Mais avant de comprendre cette preuve fort simple, il faut passer par un subterfuge étonnant mis au point par Cantor : La diagonale, appelée par certains La diagonale du fou.

Pour introduire le principe de la diagonale de Cantor, commençons par choisir 4 nombres de 4 chiffres.

Par exemple :

1	3	6	4
2	**5**	3	1
4	3	**8**	7
8	4	3	**6**

Prenons ensuite les 4 chiffres de la diagonale : **1586**

Et ajoutons 1 à chacun des chiffres : 2697

Nous venons de créer un nouveau nombre obligatoirement différent de ceux figurant dans le tableau. Pourquoi ? Parce que chaque chiffre qui le compose est différent de celui d'un des nombres du tableau :

– Le 1er chiffre est différent de celui du 1er nombre ;
– Le 2e chiffre est différent de celui du 2e nombre ;
– Etc.

Pour notre exemple, nous avons utilisé un tableau composé de 4 nombres de 4 chiffres. Mais quelles que soient la quantité et la longueur des nombres que l'on met dans le tableau, en appliquant cette méthode, nous pourrons toujours créer un nouveau nombre différent de tous ceux du tableau. Ceci est la base de la démonstration de Cantor.

La «diagonale du fou»

Organisons un concours : Celui qui trouvera la plus grande liste de réels entre 0 et 1 gagne un filet garni.

Pourquoi entre 0 et 1 ? Parce qu'il y a moins de réels entre 0 et 1 qu'entre - ∞ et + ∞. C'est donc une tâche plus facile.

Imaginons qu'un valeureux mathématicien se présente au concours et nous propose une liste de tous les réels qu'il ait pu trouver entre 0 et 1. Plaçons alors cette liste en face de la liste des entiers naturels.

Entiers naturels		Liste candidate
0	–	0,②7135...
1	–	0,3①281...
2	–	0,51①93...
3	–	0,542⑦1...
4	–	0,7123①...
...		...

Vous noterez que notre candidat a oublié des réels pourtant faciles à trouver comme *'0,1'* ou *'0,01'* ! Ce n'est pas très grave, puisque le raisonnement de Cantor fonctionne avec n'importe quelle liste possible de réels entre 0 et 1.

Construisons à présent un nouveau réel (appelé ici **rouge**) avec les chiffres entourés d'un cercle (0,②①①⑦①) de la diagonale de la colonne de droite, en remplaçant tous les chiffres différents de ① par des **1**, puis les ① par des **2** , à l'infini :

```
0,② ① ① ⑦ ① ...
   ↓ ↓ ↓ ↓ ↓
0, 1 2 2 1 2 ...
```

Ce nouveau réel **rouge** ne peut pas appartenir à la liste candidate de réel, puisque son premier chiffre après la virgule (ici : **1**) diffère du premier chiffre (②) du premier réel de ma liste (0,②7135...) ; son deuxième chiffre (**2**) diffère du deuxième chiffre (①) du second réel (0,3①281...) ; etc. : **rouge** est donc différent du premier réel, du deuxième, etc. de la liste proposée par notre candidat.

Il manque donc un réel dans la liste candidate.

Cantor comprend qu'avec n'importe quelle liste de réels, pris entre 0 et 1, il pourra toujours construire au moins un réel comme **rouge** qu'on ne pourra pas mettre en correspondance avec un entier. Or, souvenons-nous, pour démontrer qu'il y a autant de réels que d'entiers, il faudrait pouvoir mettre en correspondance chaque réel avec un entier différent, comme dans un bal populaire.

Cantor montre ainsi que le nombre des réels entre 0 et 1 est plus grand que le nombre des entiers, pourtant infini, qu'il appelle l'infini dénombrable. On imagine ce qu'il en est pour tous les réels entre – ∞ et + ∞. Il appelle cet ensemble l'infini du continu.

Le problème du continu

Depuis la découverte par Cantor de deux infinis, l'infini dénombrable et l'infini du continu, il existe un débat sur l'existence ou non d'un 3° infini, entre les deux précédents. Cette interrogation est appelée le « problème du continu ».

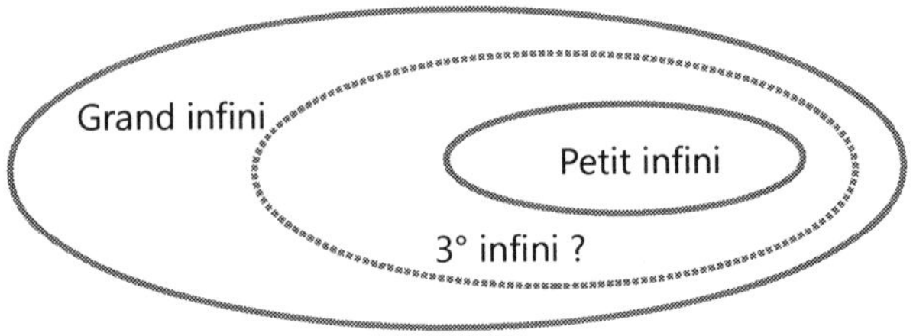

Au premier Congrès International des Mathématiciens qui se tient à Paris en 1900, David Hilbert expose sa fameuse liste de vingt-trois problèmes fondamentaux pour les mathématiques du XX° siècle, avec en tête de liste, le problème du continu[4].

En 1962, Paul Cohen, mathématicien américain, obtient la médaille Fields, la plus haute distinction en mathématiques en démontrant que l'existence du 3° infini est indécidable. Tous les spécialistes comprennent qu'il est inutile de continuer la recherche,

[4] Cf. Roger Penrose, *L'esprit, l'ordinateur et les lois de la physique.*

puisqu'il est impossible de démontrer que cet infini existe ou qu'il n'existe pas.

À la fin du XX° siècle, Hugh Woodin, un chercheur californien, part seul à la recherche du 3° infini. C'est un choix très risqué, puisque cette question a été reconnue comme indécidable.

Cela revient à partir dans le désert sans objectif, sans point d'eau connu, et surtout dans une grande solitude. Tous les chercheurs savent que le métier de mathématicien est certes un métier de solitaire, mais qu'il nécessite de temps à autre de longues rencontres, de longues discussions.

Il finit par comprendre au début du XXI° siècle que ce problème n'est pas indécidable au sens strict. Il continue donc la recherche de cet objet mathématique insaisissable, s'aperçoit que le 3° infini existe probablement, et qu'il est en relation intime avec les notions de fluides, de température, de thermodynamique et donc avec le monde des probabilités, le monde des poids.

Hugh Woodin ne fait-il que reprendre et développer cette très ancienne intuition, cette idée antique d'un Platon qui au IV° siècle avant J.-C. écrivait dans le *Philèbe* que l'on pouvait classer les sciences en « art de mesurer, de compter et de peser » ?

Après plus d'un siècle de recherche infructueuse, il semble que le 3° infini soit en passe d'être découvert.

Mais après des années d'effort acharné, cet ensemble tant espéré lui reste inaccessible. Les découvertes d'Alain Connes autour de la notion de triplet spectral (et de cette espèce d'énergie venue de la 3° dimension du triplet, l'opérateur, qui met en température ces mathématiques d'un nouveau genre) vont permettre de faire un pas en avant.

Nous esquissons ces découvertes, aux conséquences autant philosophiques que scientifiques, au chapitre 6, mais commençons par voir en quoi nos trois cerveaux ont un lien privilégié avec les trois mondes mathématiques de Platon.

En bref

1° infini ou grand infini

Le grand infini, où se trouvent les nombres irrationnels (Pi, √2, etc.) est l'infini des formes, de l'image, des distances, de la géométrie. Il nous permet de construire le futur et d'avoir accès à l'évidence, à l'intuition. C'est le monde préféré du cerveau droit.

2° infini ou petit infini

Le petit infini est l'infini des nombres, du calcul logique, du monde rationnel, du langage. Il nous permet de construire le passé et d'avoir accès au raisonnement. C'est le monde préféré du cerveau gauche.

3° infini

Le 3° infini, entre le petit et le grand, nous permettrait de construire le présent et d'avoir accès à l'action, au corps à corps avec le monde en mouvement. C'est l'infini des probabilités, des fluides, de la thermodynamique. C'est le monde par excellence du cerveau limbique. Ce 3° infini, dont l'existence même fait encore débat, serait un sous ensemble du grand infini et il inclut le petit.

5.1. Cerveau droit et grand infini : L'évidence

Devant une image, le cerveau droit peut être frappé par l'évidence et avoir une certitude absolue.

La planète improbable

Imaginons qu'un ami astronome nous montre les photos de planètes extrasolaires découvertes il y a peu. Les photos défilent et nous admirons ces nouveaux paysages superbes. Arrive alors la photo d'une planète recouverte d'un océan dont le centre est occupé par un chapelet d'îles formant l'inscription parfaitement lisible « Bon anniversaire », suivie de notre prénom et date de naissance. A cette vue, nous éclatons de rire !

Nous savons avec certitude que cette planète n'existe pas. Cet océan avec ce chapelet d'îles n'est jamais apparu à la surface d'une planète et n'apparaîtra jamais. Cette évidence ne dépend pas du temps, c'est une vérité éternelle. Nous le savons, ou plutôt notre cerveau droit le sait, même si notre cerveau gauche, rationnel, se dit qu'il existe des milliards de planètes dans chacune des milliards de galaxies qu'il reste à explorer ; et qu'il est possible, avec une infime probabilité, qu'une telle planète existe …

Pour vaincre les raisonnements de notre cerveau gauche, notre cerveau droit va passer par le cerveau limbique et nous faire rire de bon cœur à la blague de notre ami. « C'est pour de faux !» comme disent les enfants. Notre cerveau gauche est bien obligé de se rendre… à l'évidence. Nous savons, avec une certitude absolue, que ce message soi-disant inscrit sur la planète est une blague imaginée par un ami facétieux, une farce destinée à nous et à nous seul.

Notons que cette capacité à trancher grâce à une évidence de type *Sumbolon* peut être importante dans de nombreuses situations par exemple pour comprendre l'humour qui nous est destiné et ainsi ne pas faire d'erreur d'interprétation en société.

Reconnaître des évidences nous permet aussi d'avoir des idées ou des intuitions géniales, par exemple reconnaître qu'une image a trouvé la phrase qui l'habille, ce qui nous rend parfois poète.

C'est parce que nous avons une partie de nous-même logique et une autre non, et que ces deux parties entrent en conflit, que nous pouvons comprendre le sens d'une blague ou d'un poème et savoir que quelque chose nous est destiné.

Encore faut-il qu'une troisième partie de nous-même résolve ce conflit et finisse par obtenir une certaine unité dans ce capharnaüm en nous transportant de joie, en nous secouant d'une crise de rire ou en nous faisant pleurer. Autrement dit en produisant une émotion.

La notion de mémoire infinie

Notre cerveau droit est ainsi capable de reconnaître en une fraction de seconde qu'une photo de planète est fausse si elle comporte un chapelet d'îles en forme de gâteau d'anniversaire ou de je ne sais quelle autre forme : la silhouette d'un homme politique connu, d'un cycliste, d'une vache arborant une marque de chocolat suisse, des « cinq continents », etc.

Le cerveau droit est aussi capable de faire preuve d'imagination : Il détecte un continent en forme de cycliste même s'il n'a jamais vu un vélo de ce style. L'évaluation d'une ressemblance, d'une analogie, autrement dit d'une similarité ou d'une *distance*, est la prérogative du cerveau droit. Les notions de mémoire infinie, d'archétype, de pouvoir d'imagination et d'infini des distances et de la géométrie sont liées.

Il faut noter que ces formes impossibles sont en nombre infini. Notre cerveau droit peut donc détecter une forme impossible en une fraction de seconde, comme s'il pouvait passer en revue une banque de données infinies de formes en mémoire.

Pour analyser la photo de planète improbable, un ordinateur devrait consulter une infinité d'images dans sa mémoire et détecter qu'une telle planète ne peut exister. Le cerveau droit est non seulement capable de stocker un nombre infini d'images archétypes en mémoire mais il peut en plus y accéder en une fraction de seconde. Puis le cerveau limbique peut en rigoler.

C'est le cerveau droit qui est capable de traiter les formes. Or le monde de la géométrie fait partie du grand infini. Notre cerveau droit est donc capable d'évoluer dans ce grand infini.

Pour les amoureux des mathématiques

Le cerveau droit est aussi capable de manipuler la notion de probabilité géométrique. Il voit ainsi de manière évidente que la probabilité qu'une planète « bon anniversaire » existe est nulle.

Alors que votre cerveau gauche – qui évolue dans le petit infini, l'infini des rationnels et donc dans les probabilités de type ratio – pense que cette probabilité est très faible, mais non nulle.

Il s'agit en fait de deux dimensions très différentes de la notion de probabilité. Chacune de ces dimensions correspond à deux infinis différents, le grand et le petit.

Le spécialiste du futur

Par son accès au grand infini et ainsi à l'évidence, le cerveau droit sait qu'une la planète improbable n'existera jamais, ni dans les siècles ni dans les milliards d'années à venir. Cette connaissance absolue dépasse le temps. Le cerveau droit a des certitudes sur ce qui ne pourra jamais exister dans le futur.

Le grand infini, qui nous donne accès à des évidences atemporelles nous ouvre ainsi une forme d'éternité. Tout comme les mathématiciens lorsqu'ils découvrent des évidences fortes en Mathématiques, par exemple des conjectures. Ils peuvent savourer au passage cette certitude que les êtres humains … ne sont pas des machines.

Un ordinateur n'égalera jamais notre cerveau droit

Notre cerveau droit a été capable de « voir » la démonstration de Cantor plus haut, et d'accéder, grâce à la preuve par la diagonale, à des notions concernant l'infini des nombres rationnels ou des nombrées réels.

Cette capacité est hors de portée d'un ordinateur car il n'a pas accès au grand infini, et donc au monde de l'évidence et de l'intuition mathématique. L'ordinateur, qui n'est qu'un calculateur évolué, n'est capable de traiter que des informations codées en un langage donné. De ce fait, il n'a accès qu'à l'infini du langage, le 2° infini, infiniment plus restreint que le grand infini.

Une démonstration très convaincante de ce fait est décrite dans le livre de Roger Penrose, *L'esprit, l'ordinateur et les lois de la physique*. Penrose démontre pourquoi un ordinateur évolue dans le petit infini et ne peut évoluer dans l'infini de la géométrie, en montrant qu'il ne peut avoir accès à la vision, et donc à la preuve par la diagonale.

C'est peut-être parce que les artistes ou les chercheurs ont tendance à passer leur temps dans le grand infini, lieu de prédilection du cerveau droit, qu'ils sont capables de voir ce que les autres ne voient pas.

La reconnaissance des formes, un métier difficile

On voit que le problème de la reconnaissance d'un visage par un ordinateur est une chose pour le moins complexe à résoudre.

De fait, des centaines d'équipes de chercheurs travaillent dans le monde à détecter la perte de vigilance des conducteurs ou des pilotes d'avion ou à améliorer la synthèse de visages pour les films et les jeux vidéos. Et malgré les milliards investis, notre cerveau droit reconnaît tout de suite un visage artificiel, un visage faux. Un ordinateur ne peut pas égaler un être humain. Les acteurs sont encore irremplaçables.

5.2. Cerveau gauche et petit infini : La logique

Notre cerveau gauche pense quant à lui qu'une planète « bon anniversaire » a une probabilité très faible mais non nulle n'exister.

Il pense cela parce qu'il évolue dans le petit infini, celui de la raison. Mais le cerveau gauche se trompe, car il s'agit en fait d'une probabilité géométrique, probabilité qui vit dans le grand infini, celui de la géométrie.

Construire le passé de façon cohérente

Le cerveau gauche n'a pas accès au présent, mais il est spécialisé dans la reconstruction du passé, et ceci de façon logique, cohérente. Il cherche à raisonner à partir de faits passés.

Tout raisonnement logique peut se traduire en un ensemble de phrases dans un langage donné, le français par exemple. On sait depuis Gödel que cet ensemble de phrases peut se traduire en langage informatique, c'est-à-dire en suite finie de 0 et de 1.

Il y ainsi une correspondance entre un raisonnement logique et un nombre entier, puisque tout nombre entier peut se représenter de façon binaire en une suite de 0 et de 1. Cette sorte de projection du monde des raisonnements vers le monde des entiers, initiée par la logique booléenne, est très bien décrite par Roger Penrose dans son livre *L'esprit, l'ordinateur et les lois de la physique.*

La dimension culturelle

Le cerveau gauche peut aussi prendre en compte le domaine culturel et sa logique propre. Par exemple, la présence de lunettes sur un visage ou le fait qu'une paire de lunettes comporte deux branches qui s'attachent aux oreilles est un savoir culturel, étranger au cerveau droit d'un bébé. Celui-ci a toujours l'air étonné par la présence de lunettes sur le visage d'un proche.

Le cerveau qui rationalise

Notre cerveau droit est plein d'imagination, de besoin de créer.

Notre cerveau limbique trouve le moyen d'interagir ou de « mettre en mouvement » l'image « embellie », voire créée par notre cerveau droit.

Notre cerveau gauche est quant à lui obligé de trouver des explications valables. Valables pour les autres mais aussi pour lui-même, ce qui n'est pas toujours facile.

Le plus souvent, le cerveau gauche n'a pas la moindre idée du travail de création artistique ou intuitif du cerveau droit, et il a parfois un sentiment d'abandon. Mais son métier est de faire des phrases, de produire une explication logique, et ce grâce au cerveau de l'émotion.

Dans son livre *Le cerveau social*, Michael Gazzaniga, assistant de Roger Sperry donne de merveilleux d'exemples de la façon dont le cerveau de l'émotion permet au cerveau gauche de trouver une explication aux visions ou aux idées du cerveau droit.

Par exemple, Sperry explique visuellement au cerveau droit d'un patient qu'il peut rentrer chez lui. Au moment où le patient se lève pour obtempérer, il demande au cerveau gauche, resté dans le noir depuis le début de l'expérience, pourquoi il se lève. Le cerveau gauche répond sans hésiter qu'il avait besoin d'aller aux toilettes.

Le cerveau limbique aurait-il permis de rétablir l'unité entre les deux hémisphères droit et gauche, en suggérant au cerveau gauche une envie pressante ? En tout cas, le cerveau gauche semble convaincu par son explication.

5.3. Cerveau limbique et 3° infini : Comprendre les êtres humains

Le grand infini nous permet d'avoir accès à l'évidence, mais pour comprendre les émotions des êtres humains qui nous entourent, il faut passer par le 3° infini et le monde des fluides en mouvement, spécialité du cerveau limbique.

Être présent au monde et agir

Le cerveau droit vit dans l'univers de la géométrie, en relation avec la vision, la pré-vision, le futur. Le cerveau gauche est tourné vers le passé. Quelle composante de l'esprit va pouvoir agir dans le présent ? C'est le cerveau limbique. Pour cela, il a parfois besoin de réagir très rapidement, sans trop réfléchir à partir des expériences, et sans trop chercher à prévoir ce qui va se passer.

Exemple du lion

Si, vous promenant dans la savane africaine, vous tombez nez à nez avec un lion. Que faites-vous ?

Si vous commencez à admirer la beauté du félin, vous serez rapidement croqué ! Votre cerveau droit n'est pas très utile.

Si vous activez votre cerveau gauche, votre capacité à raisonner, vous allez examiner la situation en relation avec les connaissances que vous avez des félins. Grâce à cette analyse conceptuelle, vous vous rendrez compte que s'il court vers vous en montrant ses dents, c'est qu'il est sans doute dans une attitude d'agression qui devrait logiquement aboutir à ce qu'il referme sa magnifique mâchoire sur une portion de votre individu, ce qui engendrera un endommagement sérieux, voir irréversible de votre enveloppe corporelle. Là encore, la lenteur du processus de raisonnement de votre cerveau gauche vous condamne.

Quelle ressource vous reste-t-il alors ?

Heureusement pour vous, et votre famille, il vous reste votre cerveau des émotions. Percevant immédiatement l'agression, le cocktail d'hormones de la peur va instantanément se diffuser dans votre corps, provoquant un sentiment de panique et déclenchant une course rapide vers le prochain arbrisseau au sommet duquel vous allez grimper sans avoir eu le temps d'y penser. Vous êtes sauvé, provisoirement. Merci à votre cerveau limbique ! Une fois au sommet de votre arbre, vous aurez tout le loisir de mobiliser les deux autres cerveaux pour trouver une solution plus pérenne à la situation.

Le cerveau limbique utilise les trois propriétés du fluide

Le cocktail d'hormones et les probabilités de type « poids »

Vous avez pu sauver votre peau uniquement parce que vous avez été capable de :

– Réagir instantanément, dans le présent, à la menace, par le biais de fluides et de leurs cocktails subtils, les hormones véhiculées par le sang, qui ont insufflé l'émotion de la peur.

– Vous mettre en mouvement, courir, sans devoir y réfléchir, grâce aux influx nerveux et à tous les fluides mobilisés pour permettre votre course : l'oxygène et les sucres pour vos muscles, le sang pour les transporter, l'adrénaline pour les stimuler, etc.

Le cerveau limbique utilise ici la propriété de type « intrication » des probabilités, autrement dit les poids respectifs des nombreux composants présents dans le sang, l'effet « cocktail ».

Calcul d'une trajectoire optimale « sans calcul »

On a vu au chapitre consacré à la symbiose que la pression du fluide permet de connaître le volume de l'embryon de façon instantanée.

Le fluide, et donc le monde des probabilités, permet aussi au cerveau de l'émotion d'évaluer des mouvements très complexes et ce, en une fraction de seconde.

Dans l'urgence, il faut trouver des solutions optimales qui doivent minimiser les efforts et le temps à fournir pour obtenir le résultat. Cette minimisation correspond au calcul d'une trajectoire optimale entre un état et un autre.

Par exemple, si je vois une tasse de café tomber de la table où je déjeune, mon bras doit réagir rapidement pour trouver la trajectoire optimale, la plus courtc, donc la plus rapide, pour passer de sa position actuelle, en l'air et tenant une fourchette, à une position où il est en mesure de rattraper la tasse au cours de sa chute.

Travaux pratiques

Pour comprendre que l'optimisation d'une trajectoire est bien du domaine des fluides, nous allons reproduire, avec deux fils de fer trempés dans de l'eau savonneuse, le mouvement accompli par notre bras pour rattraper la tasse.

Les deux fils de fer modélisent notre bras. Au début de l'expérience, ils sont accolés et épousent tous deux parfaitement la forme et la position initiale de notre bras avant de rattraper la tasse.

Lors de notre expérience, le premier fil reste dans la position initiale de notre bras tandis que le 2° fil imite le mouvement de notre bras, jusqu'à sa position finale tenant la tasse. L'écartement des deux fils enduits d'eau savonneuse va produire, entre les deux fils, un film d'eau savonneuse, semblable aux bulles de savon créées par les enfants en soufflant dans un cercle.

Ce film d'eau savonneuse prend naturellement la forme qui lui permet d'optimiser les tensions de cette surface fluide. Cette optimisation est immédiate et spontanée, sans calcul. Les contours de ce film illustrent donc parfaitement la trajectoire optimale, en temps et en énergie, de notre bras pour rattraper la tasse.

Cette expérience montre que l’évaluation, par notre cerveau de l’émotion, de mouvements complexes est liée aux fluides et à leur propriété d’optimisation instantanée. Les fluides font des calculs très complexes, sans « faire de calcul ».

Fluides et influx nerveux

Le cerveau limbique dispose d'une représentation interne physique, corporelle, de l'ensemble du corps, inscrite dans un ensemble de neurones, les neurones miroirs. Cette image du corps humain – sorte de double miniature – est appelée homoncule.

Reprenons l’exemple du bras rattrapant la tasse. Grâce à l’homoncule, le cerveau a une représentation fiable de la position initiale et de la position finale du bras. Il peut alors évaluer instantanément la trajectoire optimale pour passer de l'une à l'autre.

Pour ce faire, le cerveau limbique ne va pas utiliser d'eau savonneuse comme dans nos travaux pratiques, mais un fluide un peu plus subtil ou plutôt un flux : l'influx nerveux.

L’influx nerveux se fonde sur les différentes propriétés des fluides contenus à l'intérieur et à l'extérieur des neurones. La gestion de cet influx, qui court le long de réseaux neuronaux complexes, va permettre au cerveau limbique d'obtenir la bonne trajectoire et de mettre en mouvement, en une fraction de seconde, tous les nerfs et les muscles du bras.

Neurones miroirs

Le cerveau limbique est capable de faire une chose très particulière : il est le seul à pouvoir percevoir les mouvements des 46 muscles d'un visage humain et à comprendre ainsi les émotions exprimées.

C’est l’homoncule qui nous permet de reconnaître les émotions animant un visage nous faisant face. En mettant en mouvement la partie « visage » de l’homoncule, notre cerveau peut simuler et ainsi reconnaître en une fraction de seconde les mouvements complexes du visage en face de nous et les émotions qu'ils expriment.

Pour ce faire, notre cerveau limbique rejoue lui-même tous les mouvements de ce visage, comme dans un miroir. Le neurologue Giacomo Rizzolatti appelle cela le mécanisme des neurones miroirs[5].

Les neurones miroirs de Rizzolati

Pour reconnaître les expressions d'un visage, il faut simuler cette grimace avec les neurones, les muscles et la forme de son propre visage. Les neurophysiologistes connaissent les neurones qui pilotent les muscles du visage permettant d'avoir une expression de colère. Ils se sont rendu compte que le cerveau limbique rejoue le mouvement de colère, un peu comme au théâtre.

Ces neurones peuvent se livrer à cette simulation car notre cerveau possède un homoncule et ainsi une représentation interne de tous les nerfs et muscles d'un visage correspondant à cette simulation. C'est parce que ce groupe de neurones rejoue l'expression de colère, sans aller forcément jusqu'à mettre en mouvement les muscles eux-mêmes, que l'observateur d'un visage reconnaît la colère sur le visage observé.

On voit là qu'il n'y a pas de reconnaissance sans action, sans émotion, donc sans mise en mouvement de son propre corps. La notion de séparation entre l'esprit et le corps devient alors plus difficile à défendre.

Pour reconnaître des émotions chez un être humain, il faut vivre soi-même ces émotions.

Ce travail de reconnaissance n'est basé ni sur le vrai et le faux, ni sur des notions de formes géométriques. Il se fonde sur une ac-

[5] Pour être précis, Rizzolatti parle plutôt de la partie « motrice » — autrement dit de la partie « cerveau limbique » – de notre cerveau droit que du cerveau limbique proprement dit.

tion, une mise en mouvement. En effet, le cerveau agit pour reconnaître les mouvements du visage lui faisant face.

Or une action est toujours sujette à une prise de risque. On ne peut être certain de son résultat. On se trouve donc bien dans l'univers mathématique des probabilités, qui correspond au 3° infini.

Pas d'émotion sans corps

Il nous faut avoir une forme humaine, et posséder, en nous, un double physique d'un être humain pour pouvoir faire bouger cet homoncule et vivre ainsi les émotions de l'être humain qui se trouve en face de nous. Il devient alors possible de mettre des mots sur les émotions ainsi rejouées par nous.

Pour nos amis philosophes, cela signifie qu'un être humain « n'a pas une âme ». Il « est une âme », un psychisme, lié à sa forme et aux flux d'énergie qui le traversent.

Le cerveau limbique n'est pas un ordinateur

Seule cette capacité du cerveau limbique à réagir dans l'instant nous permet d'appréhender efficacement le monde qui nous entoure, de le « prendre avec nous ». Ce sont les neurones miroirs qui nous permettent l'empathie, la capacité à ressentir la détresse ou la joie éprouvées par un ami.

Notons que pour accéder aux sentiments d'autrui, les choses sont bien plus complexes puisqu'il nous faut imaginer ces derniers. Ils peuvent rester secrets et ne pas être « trahis par les émotions ».

Il nous faut utiliser toutes les ressources de notre cerveau droit, sa connaissance très fine des relations humaines et sociales, sa capacité à recréer les intentions de l'autre, son sens de l'intuition, de l'invisible, bref son métier d'artiste.

Le cerveau limbique ne saisit que les mouvements, mais en une fraction de seconde, et sans cette étonnante capacité, il n'y aurait plus d'actions adéquates face à une situation urgente. Nous deviendrions des machines sans affect, uniquement capables de se maintenir en vie sur la base de lois de conservation implantées dans notre disque dur comme celle de la robotique du célèbre romancier de science-fiction, Isaac Asimov.

Nous pouvons dire merci au 3° infini, ainsi qu'aux flux qui nous traversent et nous rendent vivant. L'utilisation des fluides en mouvement donne ainsi à un être vivant l'accès à la dimension spirituelle, étymologiquement le « souffle ». Sans eux, pas de reconnaissance des émotions infiniment subtiles sur le visage du ou de la bien-aimée, pas de reconnaissance d'un rire aux éclats, d'une moue à peine perceptible, d'un regard qui dit tout, d'un visage qui s'illumine. Sans eux, et l'accès à cet infini encore mystérieux, pas de papillons ou d'oiseaux capables de réagir en une fraction de seconde à une turbulence imprévisible.

Notons que la capacité du fluide à produire de l'imprévisible, comme dans l'effet Papillon, est à relier au fait que le cerveau limbique, spécialiste de la gestion des fluides, ne peut se ramener à une machine binaire, logique, et donc prévisible.

* *

*

En bref, le triplet de la relation humaine

Pour reconnaître l'expression d'un visage, il faut agir, rejouer les mouvements des muscles avec son propre visage. Les calculs de probabilité faits de façon instantanée grâce aux fluides nécessitent d'avoir un visage humain, des muscles et des nerfs humains.

La forme

Il faut avoir une forme humaine pour percevoir les émotions d'un être humain. Tout comme dans la blastula, c'est la forme qui donne un sens à l'action. L'action est toujours liée à la forme.

L'action

Il faut pouvoir animer ce corps avec tous les nerfs, les muscles et surtout le cerveau limbique et ses fluides pour rejouer les émotions du visage observé. Il faut avoir une « âme » (*anima* en latin) humaine.

La description

Une partie de ce cerveau limbique, par exemple l'amygdale qui gère l'émotion de type peur, va alors pouvoir engendrer dans le cerveau gauche les concepts et les phrases permettant de décrire les émotions observées. Pour Rizzolatti, les neurones miroirs, actifs lorsqu'on effectue une action, sont les « promoteurs » du langage[6].

FORME
Forme de visage humain

DESCRIPTION
Caractériser les expressions

ACTION
Mouvements rejoués par le CL

[6] Rizzolatti, *Neurones miroirs*, p. 169 ou 4° de couverture

Le cerveau droit et la construction du futur

En passant par le grand infini, le cerveau droit nous permet de construire le futur et d'avoir accès à l'évidence, à l'intuition. C'est l'infini des distances et de la géométrie.

Le cerveau limbique et la construction du présent

En passant par le 3° infini, le cerveau limbique nous permet de construire le présent et d'avoir accès à l'action, au corps à corps avec le monde en mouvement. C'est l'infini des probabilités.

Le cerveau gauche et la construction du passé

En se servant du petit infini, le cerveau gauche nous permet de construire le passé et d'avoir accès au raisonnement. C'est l'infini des nombres et de la logique. Néanmoins, c'est le cerveau limbique qui, par son action, sa dynamique, fait « parler » le cerveau gauche.

6. Physique théorique et Mathématiques d'Alain Connes

« Pour essayer de comprendre le phénomène de la conscience, le cerveau, avec le laser, etc., le public aurait du apprendre le quantique », Alain Connes, mardis des bernardins

« Il ne s'agit pas de religion, mais bien de transcendance, en effet », Alain Connes, *Le Point*, 23 mai 2013

« mais tu as tout disposé avec mesure, nombre et poids », Sagesse, 11.20

Jusqu'à présent, les modélisations proposées, tant dans l'infiniment grand, dans l'infiniment petit, que dans le comportement du vivant se basaient sur une vision locale des phénomènes étudiés. On pensait tout pouvoir comprendre à partir de lois élémentaires, s'appliquant à une réalité locale, celle des atomes par exemple.

Pourtant, il semble que depuis quelques années cette vision locale rencontre des limites et doive laisser place à une vision globale plus large. Celle-ci se manifeste dans un grand nombre de domaines scientifiques : en biologie notamment avec la notion de symbiose ou encore à travers le fonctionnement du cerveau. Elle est également présente au cœur de la réalité physique et chimique de la matière avec, par exemple, la découverte des quasicristaux et le prix Nobel de chimie 2011 couronnant cette découverte.

De telles découvertes imposent un nouveau paradigme dans lequel cette interconnexion nous incite à ne pas rejeter la notion de « plan global préétabli » dans la nature, comme le dit Alain Connes dans son livre *Triangle de pensées*.

Pour effleurer cette idée : une maison ne peut être construite en assemblant des matériaux au hasard, comme ils se présentent au constructeur. On a besoin de suivre un plan établi à l'avance. De la même manière, les cristaux étranges formés dans son laboratoire par Schechtman ne peuvent être le fruit d'un assemblage local au hasard. Modéliser la manière suivant laquelle ils s'élaborent nécessite de faire intervenir cette notion de plan global, même si une telle assertion semble incompatible avec la vision classique de la physique. Mais ces deux visions (planifiée et classique) sont-elles vraiment incompatibles ? N'y aurait-il pas une troisième réalité, qui fasse le lien entre les deux ?

Bref, nous allons ici tenter l'impossible : parler des découvertes incroyables de Daniel Schechtman, Roger Penrose ou Alain Connes, qui brisent allègrement les frontières entre mathématiques, physique, philosophie et problème de la conscience... frontières que les scientifiques avaient mis 4 ou 5 siècles à édifier. Ce chapitre est un peu technique, mais il est possible de passer au chapitre suivant, sans que cela nuise à la lecture.

6.1. Quasicristaux et plan global préétabli

En 1982, un jeune chercheur, Daniel Schechtman, fait une découverte étonnante, des quasicristaux, dont on explique l'originalité plus loin. Celle-ci est violemment rejetée par les chimistes et les physiciens. Pour eux, ces quasicristaux ne peuvent tout simplement pas exister. Il sera d'ailleurs remercié par le patron de son laboratoire de recherche.

Près de 30 ans plus tard, en 2011, il obtient pourtant le prix Nobel de Chimie.

Carrelage et pavage de Penrose

Pour carreler le sol d'une salle de bain, on dispose de carreaux de formes différentes : le carré (qui donnera son nom au carrelage), la tomette hexagonale, le rectangle et le triangle. Ces formes permettent de répéter un même motif et donc d'avoir un carrelage périodique, adapté à la surface du sol. Le carreleur peut ainsi paver le sol entièrement, sans laisser d'espace vide.

Peut-on carreler le sol avec d'autres formes de carreaux qui donneraient un pavage non périodique ? A priori non, car tous les pavages observés dans la nature étaient périodiques, jusqu'à la découverte de Schechtman.

Les mathématiciens se sont intéressés à cette question difficile et ont essayé de trouver de tels pavages, non périodiques ou apériodiques. Ils ont réussi à théoriser cela et ont trouvé des pavages apériodiques. Au début, pour pouvoir réaliser ces pavages, ils avaient besoin d'un très grand nombre de motifs différents, 200 environ. Graduellement, ce nombre a été réduit. En 1971, Robinson découvrit un pavage à 6 motifs. En 1973, Penrose réussit à réaliser un pavage très simple, ne comportant que 2 motifs.

Comme le dit Alain Connes, ce qui est frappant, c'est que la règle de construction du pavage – non périodique – n'est pas du tout locale ; si un carreleur devait faire le travail, il devrait toujours se référer à un **plan global préétabli.**

En effet, s'il travaillait comme d'habitude en avançant dans sa salle de bains de manière locale et en utilisant les deux formes de carrelage de Penrose, il se retrouverait alors dans l'impossibilité de couvrir tout l'espace sans laisser de trou.

On trouve de nombreux dessins de tels pavages par exemple dans l'ouvrage d'Alain Connes *Géométrie non commutative*, où celui-ci utilise ces curiosités géométriques pour expliciter certaines notions délicates de ses mathématiques, dans de nombreux ouvrages plus faciles d'accès comme *L'esprit, l'ordinateur et les lois de la physique* de Roger Penrose comme, mais aussi sur de nombreux sites internet.

Or, il se trouve que Schechtman a bien obtenu de tels pavages non périodiques, dans des cristaux d'un mélange d'aluminium et de manganèse, chaque métal fournissant un des deux types de motifs du quasicristal.

Pour les cristallographes des années 1980, de tels quasicristaux sont impossibles, car ils impliquent qu'il y ait un plan global préétabli, une cause finale au sens de Platon. Cela est une hérésie épouvantable non seulement pour les cristallographes, mais aussi pour l'essentiel des scientifiques de l'époque[7]. Laissons Alain Connes poursuivre dans son livre *Triangle de pensées* :

> Comme pour construire mathématiquement les structures quasi périodiques il faut utiliser des procédés non locaux, il semblait y avoir une raison philosophique a priori pour penser que jamais elles n'apparaîtraient en physique.
>
> En effet, tout ce qui apparaît normalement en physique se construit localement. Or, là on a un merveilleux contre-exemple. Il faut donc être prudent. Il n'est pas impossible que le quantique nous conduise à reculer les limites que nous rencontrons actuellement en logique.

[7] « En ce beau matin d'avril 1982, le jeune chercheur israélien Daniel Schechtman n'en croit pas ses yeux. Comme d'habitude, il a préparé son alliage d'aluminium et de manganèse avec un soin exemplaire, en augmentant la dose de manganèse, juste pour voir… Puis il a soumis cet alliage à l'oracle de la diffraction électronique [...] et a obtenu un nuage de points. Mais ces points sont répartis selon une sorte d'étoile à dix branches. Et cela est impossible, tous les livres le disent [...] Partout, sa découverte suscite l'incrédulité. C'est démontré mathématiquement, la symétrie d'ordre 10 est impossible !

Un jour, son supérieur annonce à Dan Schechtman qu'il ne fait désormais plus partie de l'équipe... Même le grand Linus Pauling, la légende vivante de la chimie, le fustigera. Pourtant, quelques esprits libres veulent bien le croire : […] l'alliage observé par Daniel Schechtman serait une structure très régulière mais non périodique, un quasi-cristal.

On découvre que ces formes, loin d'être mathématiquement interdites, ont déjà été conçues il y a plus de dix ans, par exemple quand Roger Penrose et Robert Ammann montrèrent comment paver un plan par deux figures différentes se répétant à l'infini, jamais agencées exactement à l'identique »

Cédric Villani, *Le Monde Sciences*, 29 octobre 2012

6.2. Le triplet spectral d'Alain Connes

En 1990, Alain Connes fait paraître un livre décrivant un nouveau continent mathématique, la géométrie non commutative. Sur la couverture de son livre, on voit le dessin typique d'un quasicristal ou plutôt de sa représentation abstraite, un pavage de Penrose.

Il comprend que la physique quantique et ses réalisations incompréhensibles, voire scandaleuses, obligent les mathématiciens à reculer les limites les mieux établies. Il propose alors des mathématiques fondées sur un nouveau paradigme : le triplet spectral. Il y a, de fait, trois choses bien cachées dans un pavage de Penrose :

- Un espace géométrique de Hilbert correspondant au grand infini ou infini du continu.
- Un langage – appelé une algèbre en mathématiques – correspondant au petit infini, l'infini dénombrable.
- Un opérateur, par exemple une fonction qui permet de calculer le volume d'une canette cabossée. Cet opérateur, appelé opérateur d'intégration, permet de convertir la courbure complexe de la canette en un simple nombre correspondant à son volume.

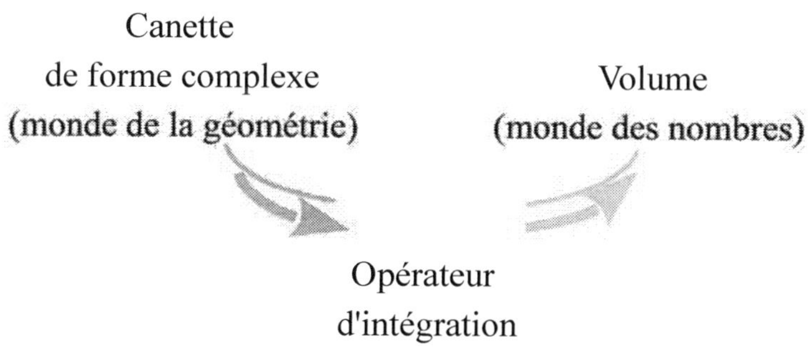

Opérateurs et monde de l'action

Faire une intégration est une opération typique en Mathématiques. On retrouve ici le lien avec le monde des fluides, capable de faire des « opérations d'intégration » en temps réel.

Dans le chapitre sur la symbiose, seul le fluide peut « calculer » **en temps réel** la taille de la blastula par l'évaluation de la pression et donner cette information au génome de chaque cellule. On peut parler d'intelligence du fluide, puisque le calcul d'une pression globale d'une forme compliquée peut être très difficile voire impossible sans ce fluide.

Ce calcul instantané d'une forme très complexe peut s'expliquer par le fait que les constituants du fluide « explorent » tous les recoins d'un récipient. Ils sont « animés » d'un mouvement permanent et surtout imprévisible. On voit ici que la notion d'opérateur est liée à la notion d'action, de mouvement permanent et donc typiquement au monde des fluides.

Notre cerveau fait des « opérations » bien plus sophistiquées pour évaluer les expressions d'un visage, en simulant ces expressions sur un homoncule interne.

Opérateurs et probabilités

N'oublions pas que toute action dans la vie est soumise à une certaine incertitude. Dés que vous décidez d'agir, de prendre une voiture, d'embrasser quelqu'un, il y a une prise de risque, une inconnue, une probabilité d'échec, et une autre de succès. Le monde des opérateurs correspond au monde des probabilités.

Exemple trinitaire de l'invariant d'Euler Poincaré

L'intégration permet aussi de faire le lien entre une propriété globale, ici le volume d'un embryon, et les cellules de celui-ci. On retrouve cette notion avec l'invariant d'Euler Poincaré.

Pour passer d'une notion locale (la courbure en un endroit précis d'une planète) à une notion globale (suis-je sur une planète en forme de ballon ou en forme de chambre à air ?) il faut passer par une opération qui somme la courbure locale sur toute la surface du ballon. C'est une opération dite d'intégration. Pour une sphère, on aboutit à 2, et pour une chambre à air (un tore) à zéro.

Cette intégration a ceci de remarquable que le résultat est invariant, quelques soient les perturbations que l'on essaye d'apporter à la surface, tant qu'on ne la déchire pas : Si on déforme la surface pour creuser un cratère, cela ne change pas le résultat de l'intégration car les courbures positives et négatives ainsi créées se compensent exactement.

La mesure globale de la courbure d'une surface fermée (par le biais d'une intégration) donne toujours un nombre entier, à 2Pi près. Cette intégration est typique de la notion de triplet et de la façon dont un opérateur engendre un nombre entier à partir d'une forme. Pour Alain Connes, le fait que cette opération engendre un entier parfait est incompréhensible. Il s'agit d'un de ces petits miracles au cœur des Mathématiques qu'il décrit dans son ouvrage (très technique) *Géométrie non commutative*.

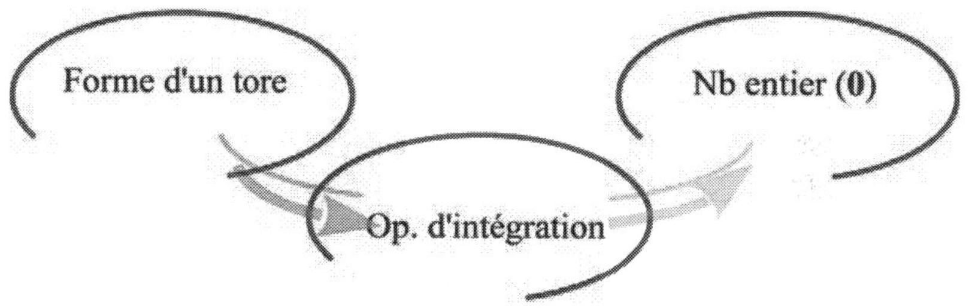

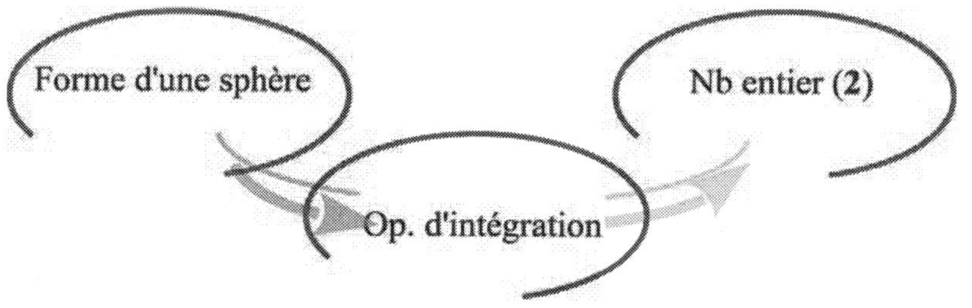

Pour les mathématiciens : Opérateur et matrices

En physique quantique, un appareil de mesure doit interagir avec une réalité physique quelconque pour pouvoir décrire l'état de cette réalité. L'appareil doit « opérer » des actions précises. Nous verrons un peu plus loin un exemple stupéfiant de ceci avec l'expérience EPR proposée par Einstein.

Les opérateurs découverts en physique quantique utilisent des objets bizarres, des matrices qui agissent l'une sur l'autre, par exemple par la multiplication.

Ces opérateurs représentent une façon de décrire le monde des probabilités, le monde de l'action et des risques d'agir. Et la manière de traduire en mathématiques les comportements de ces probabilités ou en tout cas d'une certaine dimension de celles-ci se trouve correspondre au monde des matrices. Les probabilités agissent un peu à la façon dont une matrice agit sur une autre matrice.

Tous les mathématiciens savent que multiplier la matrice A par la matrice B ne donne pas le même résultat que multiplier la matrice B par la matrice A.

Autrement dit, « opérer » une action (représentée par la matrice A) sur la matrice B ne donne pas le même résultat que d'opérer une action (représentée par la matrice B) sur la matrice A. On dit que ces sortes d'opérations sont « non commutatives ». On voit ici que les notions d'action, de probabilités, de matrice et d'opérations non commutatives sont étroitement liées.

Un pavage de Penrose, tel que celui représenté plus haut, est un espace non commutatif avec ses propriétés étonnantes, autrement dit un triplet spectral avec son opérateur non commutatif qui relie l'espace de Hilbert et une algèbre elle aussi non commutative. Il faut malheureusement en passer par des notions mathématiques difficiles pour apprécier tout cela en détail. On peut lire par exemple le livre *Noncommutative Geometry*, un ouvrage épais qui demande un bon niveau en mathématiques et en physique.

Le texte sacré de la physique des particules

En 2004, Alain Connes comprend que ce triplet spectral fonctionne de façon très précise : il découvre que l'opérateur, le 3° terme du triplet, engendre, à partir de l'espace des formes, toutes les « phrases », c'est-à-dire toutes les équations, qui sont au cœur de la physique quantique. Cette découverte stupéfie la communauté des physiciens.

Cette équation de plusieurs centaines de termes, sorte de « texte sacré » qui décrit le comportement des particules, a été élaborée par la communauté des physiciens à l'aide d'expérimentations nombreuses et difficiles à réaliser tout au long du XX° siècle.

Les notions mathématiques utilisées par Connes sont très complexes et nous allons être obligés d'en extraire ce qui nous paraît le plus important. Nous présentons nos excuses à Alain Connes pour cette lecture, cette « interprétation » de son travail.

Groupe de Galois cosmique

Une forme avec une symétrie bien particulière, symétrie de Galois cosmique, apparaît dans l'espace de Connes, un peu comme une sphère creuse apparaissait avec une symétrie précise dans l'exemple de la blastula du chapitre sur la symbiose.

Mais tout comme une blastula ne pourrait avoir une taille de plusieurs kilomètres ou de quelques nanomètres, les mathématiques de Connes semblent sensibles à l'échelle à laquelle on se place. Il injecte dans le triplet spectral une longueur précise de la taille d'une particule comme le quark, de l'ordre de 10^{-16} cm, qu'il appelle une « petite clef ».

Ces mathématiques peuvent être vues comme une sorte de planète avec une certaine courbure, fixée par cette unité de longueur, qui lui donne ainsi sa « forme ».

Notion d'échelle, de courbure

Contrairement à ce que pensent les scientifiques du XVII° au XIX° siècle, les choses ne se passent pas de la même manière dans le monde physique selon l'échelle à laquelle on se place. À grande échelle, c'est la théorie de la relativité d'Einstein qui s'applique, et à petite échelle, c'est la physique quantique.

> Le feu est totalement inexplicable... Il n'y a pas de feu qui ne soit à l'échelle humaine. On ne peut pas faire un feu d'un dixième de millimètre. [...] Inversement, à partir du moment où vous faites un trop grand feu, ce n'est plus un feu, c'est une tempête de feu. Tous les paramètres, viscosité, etc., tous les phénomènes d'échanges de chaleur font que vous ne pouvez pas réaliser un bec Bunsen à cette échelle. Cela fait partie des spécificités du feu. Presque tous les phénomènes de la physique, quand on peut manœuvrer l'échelle, font apparaître des propriétés qui sont dues à l'échelle, qui ne sont pas extrapolables, ni en petit ni en grand[8].

LES 3 MONDES DE LA PHYSIQUE

Échelle très grande	**Échelle très petite**
Relativité générale	Physique quantique
Monde continu	Monde discret
(géométrique)	(muni de nombres entiers)

Échelle humaine
Monde des fluides, du feu
Monde de la thermodynamique, de l'entropie
Monde du corruptible

[8] *Triangles de pensée*, page 103

Pour les amoureux des mathématiques

Notons que la physique quantique se situe dans le monde des nombres entiers, les « quantas », autrement dit dans le monde du petit infini, le monde de l'arithmétique, de la logique, de l'algèbre.

Pourtant, Alain Connes comprend qu'il existe au cœur des nombres entiers et de la physique quantique une géométrie et une thermodynamique. C'est une réalité trinitaire.

En annexe, nous décrivons ce que pourraient être ces mathématiques (cette math'monde) où les trois mondes, celui des nombres mais aussi celui des distances et celui des probabilités sont eux-mêmes trinitaires.

TRIPLET SPECTRAL

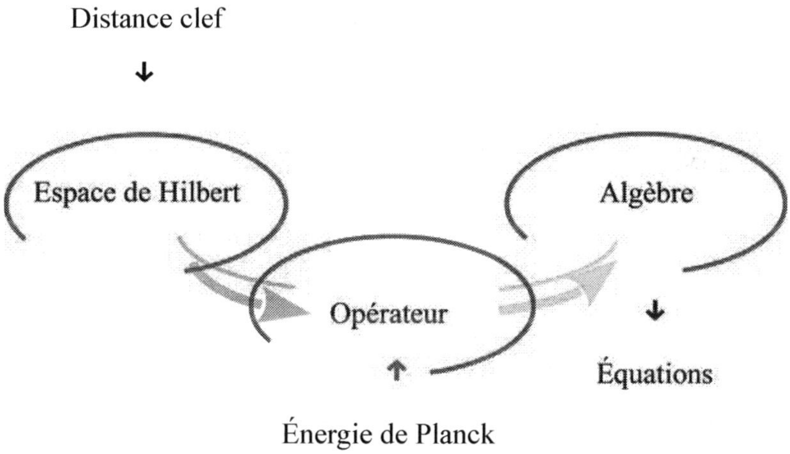

Énergie, distillation et physique des particules

Alain Connes insuffle ensuite à son triplet une énergie connue en physique quantique comme l'énergie (ou la masse) de Planck, qui permet à l'opérateur de se mettre en action, d'engendrer sa propre dynamique à l'ensemble. Un peu comme un fluide dans un alambic qui commence à chauffer et peut être décrit avec des notions de pression, de chaleur et de refroidissement. Connes utilise même le terme de distillation dans son article *Noncommutative Geometry, Quantum Fields and Motives*.

Au bout d'un certain temps, l'ensemble se refroidit. Se concentrent alors à la sortie de l'alambic des sortes de gouttes d'huile essentielle, sous la forme de phrases, autrement dit d'équations de la physique des particules.

On constate que ce continent mathématique fondé sur la notion de triplet **engendre son propre temps** : un temps de nature thermodynamique ou probabiliste, que nous allons expliciter au chapitre « Le 3° temps en Physique et la science de l'aléa ». Si j'osais, je dirais que ces mathématiques sont comme vivantes, devenant ainsi une branche de la biologie.

Dans ces nouveaux territoires mathématiques, même les espaces géométriques utilisés, qu'il appelle non commutatifs, peuvent refroidir « dans le temps » et devenir ainsi classiques, commutatifs. On passe d'espaces décrivant la réalité de façon globale, à un espace où les particules commencent à apparaître à des endroits localisés. Ces particules ressemblent alors à des particules « normales » que l'on va pouvoir décrire à l'aide de phrases.

En refroidissant, le triplet se met ainsi à « parler » dans un langage mathématique défini par l'algèbre du triplet et engendre un discours précis. Chaque phrase correspond à une des lois fondamentales de la physique des particules. Un peu comme si le triplet faisait apparaître de nouvelles significations à partir d'un langage très simple, un ensemble d'algèbres bien connues des physiciens, l'algèbre des nombres complexes, celle des quaternions et celle des matrices 3x3. Ces algèbres ont toutes un lien avec les espaces de dimension 3 mais nous ne pouvons nous étendre ici sur ce sujet passionnant. On peut faire le parallèle avec le chapitre sur la symbiose et parler d'apparition d'un nouveau logos, autrement dit d'une nouvelle signification de ces algèbres, de ces langages. Avec une « distance-clef » de départ différente ou avec une énergie initiale un peu différente, les lois de la physique seraient autres.

Alain Connes est tout d'abord émerveillé de redécouvrir ces lois fondamentales complexes par le simple truchement d'un triplet bien cuisiné. Mais il réalise que ses équations présentent deux petites différences par rapport aux équations des physiciens, décrites dans le livre du physicien Martinus Veltman.

Il refait ses calculs plusieurs fois et trouve toujours le même résultat. Il doit se résoudre à envisager que ce sont les formules des physiciens qui contiennent des erreurs. Un physicien, T'hooft, montrera plus tard qu'il s'agit bien de fautes de recopie de la communauté des physiciens d'un article à l'autre, jusqu'au livre de Veltman. Alain Connes avait raison !

On peut trouver dans son ouvrage *Noncommutative Geometry, Quantum Fields and Motives*, cette fameuse équation engendrée dans le triplet spectral. Elle est formée de cinq équations ou phrases, appelées des lagrangiens.

Mais pour comprendre le lien entre les quasicristaux « impossibles » pour tout scientifique sensé des années 1980 et les mathématiques du triplet, il nous faut repasser par les trois notions décrites tout au long de ce livre.

En physique quantique comme ailleurs, les choses importantes commencent par un coup de foudre, une alliance, ce phénomène où les choses ne « font plus qu'un », et passent d'une existence locale – ou localisée dans l'espace – à une existence globale, dans un nouvel espace. En physique, on appelle cela l'intrication.

Nous allons maintenant raconter l'histoire de l'expérience EPR pour mettre en évidence le caractère extraordinaire de ce phénomène, auquel Einstein n'a jamais vraiment cru.

6.3. POURQUOI LA NOTION DE TRIPLET SE TROUVE AU CŒUR DE LA PHYSIQUE QUANTIQUE

L'intrication quantique

En 1935, Einstein récuse la physique quantique en montrant que si cette physique était exacte, elle aboutirait à une expérience qui contredirait un des dogmes de sa physique relativiste : le fait que toute information ne puisse dépasser la vitesse de la lumière.

Or, si les équations de la physique quantique disent vrai, il est possible qu'après avoir été unies ou intriquées, deux particules restent liées tout en étant à deux endroits différents. Si ces deux particules restent liées, faire subir un traitement à l'une, affectera immédiatement l'autre. Cette expérience de pensée imaginée par Einstein et mettant en évidence cette intrication est appelée expérience EPR.

Einstein triomphe ainsi puisqu'il sait qu'une information ne peut passer d'une particule à une autre particule éloignée de façon instantanée. En effet, d'après la relativité générale d'Einstein, cette information ne peut aller plus vite que la lumière.

En 1984, un chercheur français, Alain Aspect, montre que deux photons pourtant éloignés de quelques mètres dans son laboratoire restent liés entre eux.

De fait, un traitement très précis sur l'un de ces photons affecte les caractéristiques de l'autre, et ce de façon instantanée. Comme si ces deux photons, pourtant localisés à deux endroits différents du laboratoire ne formaient toujours qu'une seule entité physique.

Alain Aspect montre ainsi, à la stupéfaction de tous, que l'expérience EPR, considérée comme tout à fait impossible par Einstein, est réalisable dans un laboratoire. La notion même de localisation dans l'espace d'une entité physique est ainsi remise en question.

Au fond, tout se passe comme si ces deux photons s'étaient intriqués ou unis de façon si forte qu'ils en gardent la trace même après avoir été séparés. Un de ces photons est modifié dans ses propriétés physiques au moment même où une autre partie de lui-même, ou si l'on préfère celui qui est devenu sa « moitié pour le meilleur et pour le pire » est soumis à une modification.

Cela approfondit une faille déjà béante, entre les fondements de la physique de l'infiniment grand, la relativité générale d'Einstein, et les fondements de la physique de l'infiniment petit, la physique quantique.

Vision globale et nouvelle géométrie

On ne peut avoir ainsi de vision correcte d'un couple de particules intriquées qu'en considérant qu'elles forment un tout. Pour comprendre ce qui se passe, il faut avoir une vision globale des choses.

La seule manière de prendre en compte cette réalité est de voir que ces deux particules en symbiose ou en intrication ne vivent plus dans un espace à 3 dimensions mais dans un monde curieux à 6 dimensions, voire beaucoup plus s'il s'agit de plusieurs particules.

L'intrication fait changer le monde autour d'elles. Un nouvel espace est créé avec une nouvelle géométrie. Un peu comme les deux patineurs qui découvrent qu'en dansant ensemble, ils peuvent créer des figures impossibles à réaliser seul.

Pour les mathématiciens : L'espace de Hilbert

Les espaces avec un grand nombre de dimensions sont indispensables à la compréhension de la physique quantique. Ils décrivent toutes les configurations possibles d'un ensemble de particules, cet ensemble étant vu comme un tout. L'espace de Hilbert, le plus important, possède un nombre infini de dimensions.

Imaginons une configuration où une des particules est située à une distance de 1 cm sur l'axe des x, 1 cm sur l'axe des y, et 1 cm sur l'axe des z par rapport à l'origine de l'espace ; et où l'autre particule est située à 2 cm de l'origine dans les 3 directions.

Nous sommes en présence d'une configuration que l'on peut décrire ainsi dans un espace à 6 dimensions : (1,1,1,2,2,2)

Comme le nombre de particules peut être très grand et que la position de ces particules se situe dans un espace continu, où une infinité de position est donc possible, les espaces mathématiques utilisés peuvent être des espaces de Hilbert de dimension infinie. Où de plus, chacune de ces dimensions est une dimension dite « complexe », définie par un nombre complexe. Ce qui ne simplifie pas la compréhension et la manipulation des espaces de Hilbert.

Il faut retenir qu'un point dans cet espace, ici (1,1,1,2,2,2), décrit la configuration GLOBALE de la réalité physique étudiée.

Un peu de philosophie : l'existence de la réalité matérielle

Un autre exemple d'intrication : quand un être réel, physique (comme un physicien) observe une réalité physique comme un photon, ils ne forment qu'une seule et même chose !

Les scientifiques modernes ont toujours pensé que la réalité extérieure matérielle avait une existence indépendante. On découvre qu'il s'agissait d'une croyance et surtout que cette croyance semble fausse.

L'interaction dynamique

Pour pouvoir décrire l'état d'une réalité physique quelconque, donc pour qu'un appareil de mesure engendre un ensemble de descriptions ou de phrases à son sujet, il doit entrer en contact avec cette réalité. Il doit s'intriquer avec elle et faire apparaître un nouvel espace décrivant le très grand nombre de configurations possibles que le couple (instrument de mesure, réalité à décrire) peut former. Mais cela ne suffit pas pour obtenir une mesure. Quand ces deux choses ne « font plus qu'un », il faut que l'appareil de mesure et la réalité physique observée interagissent. Il faut passer à l'acte.

Une énergie doit apparaître, un peu comme le flux traversant la blastula décrit au chapitre sur la symbiose. Cela correspond à l'énergie de Planck injectée dans le triplet spectral de Connes et qui permet à l'opérateur d'entrer en action et de « chauffer » l'alambic.

On peut reprendre l'exemple du chapitre sur la perception : Notre cerveau doit interagir avec ce qu'il observe. Pour reconnaître une chaise, par exemple, le cerveau droit suppose et imagine que c'est une chaise, mais ce n'est pas suffisant. Le cerveau limbique interagit avec l'objet et simule l'action de s'asseoir dessus. Enfin, si l'opération précédente est couronnée de succès, le cerveau gauche caractérise les différentes parties de la chaise et en déduit que c'est bien une chaise. De la même façon, il faut rejouer comme un acteur les expressions d'un visage pour pouvoir les reconnaître. Le cerveau peut aussi modifier, déformer, certaines parties de l'image pour pouvoir la percevoir.

Par cette interaction, la réalité observée se trouve comme fixée, rigidifiée dans l'espace et dans le temps. Elle devient alors particule ; disons plutôt que sa dimension « particulaire », arithmétique et algébrique, apparaît.

Il est alors possible de la décrire, de faire des phrases dans un certain langage (ou algèbre en mathématiques). « Cette particule se trouve à tel ou tel endroit, elle est localisée ». On passe à l'étape « rédaction d'une phrase » .

Ainsi pour le physicien quantique Werner Heisenberg, la mesure de la position d'un électron crée un électron-avec-position. L'idée même d'un électron doté de position n'a pas de sens avant l'expérience qui mesurerait cette position.

La Description des particules

Nous pourrions dire que la réalité devient « raisonnable » ou plus exactement que sa dimension rationnelle, cerveau gauche, apparaît alors : elle devient localisable. Elle se « décide » en quelque sorte à être ici ou là, à présenter telle ou telle caractéristique, par exemple sa position.

Devant le tableau d'Arcimboldo, telle partie peut être vue comme une pêche bien mûre ou comme une joue. C'est à notre cerveau de décider. Notre cerveau droit voit l'ensemble du visage, notre cerveau limbique s'interroge sur certaines bizarreries et met en action les yeux à l'endroit le plus probable du visage pour extraire de l'image ce qu'il s'attend à être la joue, que le cerveau gauche reconnaît ensuite comme étant une pêche dotée de telle et telle caractéristique.

Agir pour diriger ses yeux vers la « joue » du visage n'a de sens que lorsqu'on a « vu » un visage. Faire une phrase pour décrire la joue n'a de sens que lorsque l'on a agi et dirigé nos yeux vers la joue de ce visage.

Vision globale	Description
(Je vois un visage)	« Il a de bonnes joues »

ACTION

(Se diriger vers la joue)

(et extraire celle-ci du fond)

De même, en physique quantique, la description d'une réalité physique commence toujours par une étape d'intrication qui génère une réalité globale. Cette réalité peut être représentée par un point (appelé le « vecteur d'état ») dans un espace particulier, l'espace de Hilbert, avec un grand nombre de dimensions, voire un nombre infini. La notion de particule localisée à tel ou tel endroit n'a alors aucun sens. Cela correspond au monde du cerveau droit.

Après l'apparition d'une réalité globale ou intriquée, une action est entreprise pour obtenir une mesure de cette nouvelle réalité. Cela a pour résultat de figer la réalité continue dans une de ses composantes ou état, lequel est alors quantifiable et donc descriptible sous forme de phrases.

Relation N°1

Des figures sont devenues imaginables après l'intrication par l'apparition d'un nouvel espace géométrique.

Elles sont déclenchées par l'interaction, ce qui relève du domaine des probabilités.

Elles vont pouvoir être décrites, caractérisées, autrement dit évaluées par des notes.

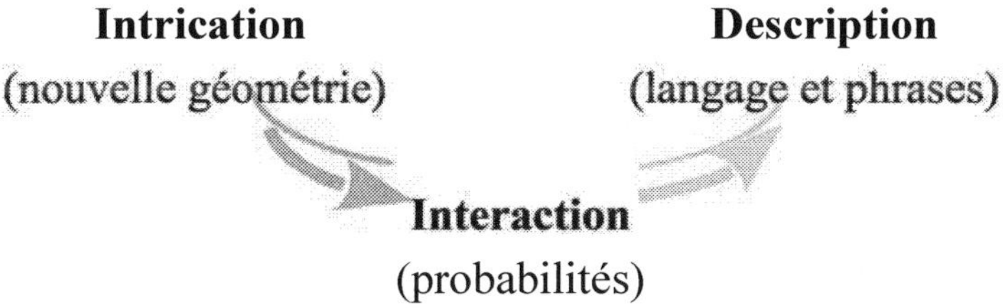

6.4. Le 3° temps en Physique et la science de l'aléa

« J'admire que les mathématiques se soient emparées du temps qui, à l'origine, est un concept métaphysique », Jean-Pierre Bourguignon

« Qu'est-ce donc que le temps ? Si personne ne me le demande, je le sais. Mais si on me le demande et que je veuille l'expliquer, je ne le sais plus », saint Augustin

Une nouvelle conception du temps physique émerge de ces bien curieuses mathématiques. Ce temps, thermodynamique, est différent du temps géométrique de la relativité d'Einstein, lui-même très différent du temps chronologique, le temps classique tel qu'on le perçoit habituellement.

Quasicristaux et cause finale

Dans le cas de l'endosymbiose, on peut se demander pourquoi deux bactéries très différentes ont quelque chose de bien particulier à faire ensemble. On a l'impression qu'elles se reconnaissent comme faisant partie d'un tout, d'un projet, d'une alliance, tout comme dans le phénomène d'intrication en physique quantique.

Cette alliance de deux bactéries ou de deux photons pose question : Qu'est ce qui rend cette alliance possible ?

Cette possibilité peut se trouver dans le passé, comme dans le cas du *Sumbolon* des philosophes grecs, la poterie cassée en deux. Mais avec l'endosymbiose, on ne se trouve pas dans le cas d'une cellule qui se serait séparée dans le passé et qui se recomposerait. En physique quantique, on ne se trouve pas non plus dans le cas de deux particules qui s'étaient unies, puis séparées, et qui se retrouveraient. La cause du rassemblement n'est donc pas dans le passé.

Elle ne peut alors venir que du présent ou du futur. Mais comment une alliance forte, voire parfaite, peut-elle venir du futur, de ce que les philosophes appellent une cause finale ?

On retrouve ce type d'interrogations, de manière frappante, avec les quasicristaux. La probabilité d'apparition d'un quasicristal dans la nature est nulle pour un physicien qui ne croit pas aux causes finales. De fait, il n'y a aucun hasard dans la façon dont sont disposés les éléments du puzzle. Aucun de ces éléments n'est interchangeable avec un autre. Rappelons que si un carreleur devait faire le travail, il devrait constamment se référer à un plan global préétabli. L'apparition d'un quasicristal ressemble à l'apparition d'une alliance aussi imprédictible et improbable que l'endosymbiose.

Pour comprendre ces deux phénomènes, il faut faire appel à une cause qui viendrait du futur. Cela revient à dire que le temps peut aller du futur vers le passé.

Le temps géométrique d'Einstein

Pour Einstein et sa théorie de la relativité, penser que le temps est un simple flux irrépressible qui nous pousse vers le futur est une illusion. Les « relativistes » ou physiciens spécialistes de l'infiniment grand partagent cette opinion puisque le temps géométrique de la relativité n'interdit pas de remonter dans le temps.

Pour aller vite, disons que le temps d'Einstein est géométrique et permet d'aller du passé vers le futur ou du futur vers le passé, tout comme il est possible de se déplacer de droite à gauche et de gauche à droite dans un espace géométrique. Les romanciers ont repris cette notion dans nombre d'histoires plus ou moins réussies de retour vers le futur ou vers le passé.

Le temps chronologique

Avant les théories relativistes, il n'y avait qu'un temps en physique : le temps classique, logique, celui de monsieur tout le monde, celui qui vous interdit sous peine de problème de logique, d'aller tuer votre grand-mère quand elle encore une enfant, lors d'un voyage spatio-temporel vers le passé. On appelle ce temps le « principe de causalité ». C'est un temps chrono-logique. C'est le seul temps autorisé par le système galiléo-newtonien, le temps qui correspond à la « cause formelle » d'Aristote.

Einstein découvre un temps très différent, qui ne respecte plus la chronologie, un temps où il devient possible d'aller du futur vers le passé. La notion de cause finale d'Aristote retrouve tout son sens dans ce cadre-là.

CAUSE FINALE	CAUSE FORMELLE
temps géométrique	temps chronologique

Antiparticules

Notons que la théorie de la relativité associée avec la physique des particules, la physique quantique, va permettre à Paul Dirac de découvrir dans ces équations l'existence d'antiparticules, des particules qui peuvent aller du futur vers le passé. On découvrira par la suite de telles choses lors d'expériences étonnantes racontées par le physicien Gabriel Chardin dans son livre *L'antimatière, la matière qui remonte le temps*

Si deux temps aussi différents peuvent exister « en même temps », comment faire le lien, l'unité entre ces deux temps ?

Le temps thermodynamique de Connes

En 1994, Alain Connes et le physicien Carlo Rovelli proposent une notion de temps thermodynamique, un temps différent des deux précédents, l'inverse de la température du cosmos.

C'est un temps absolu – le même pour tout le monde dans le cosmos – alors que le temps d'Einstein est relatif. De fait, nous sommes plongés dans un bain, d'une température de trois degrés kelvin qui nous vient du Big Bang. Plus le cosmos se refroidit, plus le temps de Connes avance, ou plutôt s'écoule. À moins que cela ne soit le contraire...

Le 3° temps et la science de l'aléa

Il faut voir ce bain comme un fluide, qui ne serait pas constitué de nombreuses molécules d'eau, mais de photons s'agitant dans toutes les directions depuis le Big Bang, ce flash d'énergie et de lumière d'une température infinie.

Pour Alain Connes, ce mouvement imprévisible qui correspond en physique à ce qu'il appelle « aléa quantique » est plus fondamental encore que sa notion de temps thermodynamique. Il illustre cela par la phrase :

> L'aléa quantique est le tic-tac de l'horloge divine.

C'est cette propriété curieuse d'imprévisibilité absolue qui fait avancer le temps thermodynamique.

Nous connaissons tous le lien entre l'action de notre main qui fait rouler un dé (un « aléa » en latin) sur une table, et la notion de résultat imprévisible.

Pensons aux jeux de loterie où des boules rebondissent de façon chaotique pendant un certain temps dans une sphère transparente mise en rotation par un moteur (image simplifiée d'un fluide). C'est bien ce temps, assez long, qui engendre et qui garantit aux joueurs un résultat le plus aléatoire possible.

Alain Connes retourne les choses de manière étonnante : c'est l'aléa qui engendre le temps thermique, et non l'inverse. Dans le monde quantique, le moteur du temps qu'il découvre avec Carlo Rovelli est précisément l'aléa. Tout cela est plutôt troublant. Mais on voit bien le lien intime entre les notions d'aléa, de chaos, de fluide et de temps.

> En ce qui concerne le monde réel, cependant, il y a un générateur d'aléatoire, c'est l'essence même de la mécanique quantique qui interdit, au moins en théorie, de prédire par exemple le moment exact ou un atome instable va se désintégrer[9]

[9] Alain Connes, *Triangles de pensée*, page 111

Pour les amoureux de folles mathématiques

Alain Connes précise encore cette notion dans sa conférence du 14 Avril 2015 à l'IHES, dont la vidéo est visible sur internet.

Le fait que les choses présentent un côté parfaitement imprévisible **ne viendrait pas du passage du temps**, comme les physiciens le pensent, mais du formalisme mathématique de la physique quantique, du triplet spectral et donc de l'espace de Hilbert décrit plus haut.

C'est au contraire **le passage du temps qui viendrait** de cette variabilité mathématique impossible à prévoir, en tout cas en totalité, par un être humain.

Alain Connes lance alors cette idée tout autant philosophique que mathématique : « Le passage du temps est du à notre connaissance fondamentalement partielle de la réalité »[10]

Le temps thermodynamique d'Alain Connes, qui correspond à une réalité bien physique comme la température du cosmos viendrait ainsi d'une notion purement mathématique. De plus, ce temps ne s'écoulerait que parce que nous ne pouvons pas savoir ni d'où il vient, ni où il va.

Si cela est vrai, les frontières érigées depuis quelques siècles entre la réalité mathématique, la réalité physique et les limitations inhérentes à toute connaissance humaine pourraient ainsi se fissurer. Les mathématiques seraient ainsi bien plus qu'un simple langage dans lequel est écrite la physique.

D'autre part, il ne serait plus possible de séparer ces deux réalités (physique et mathématique) qui n'en font plus qu'une, de ce que l'humain peut en connaître (du monde mental dont parle Roger Penrose dans *L'esprit, l'ordinateur et les lois de la physique*.

Notons pour finir que si nous pouvions avoir une connaissance de la totalité de la réalité physique, le monde serait

[10] « The idea is that the passing of time is due to our partial knowledge, essentially », Alain Connes, *Temps et aléa quantique,* Conférence à l'IHES du 14 Avril 2015

comme figé, mort, froid. Mais cela ne veut pas dire, pour Alain Connes, que le fait que ce temps s'écoule n'est qu'une illusion, liée à cette impossibilité mathématique d'avoir une connaissance complète des choses. À la différence de Carlo Rovelli, il semble bien qu'il considère que ce temps, sa température et le fait même qu'il s'écoule, sont bien au cœur de la réalité physique.

Un trésor pour l'IA et les sciences de la connaissance

Cette impossibilité de connaître la réalité, et donc cette imprévisibilité absolue, est pour Alain Connes une sorte d'énergie, un souffle, qui pousse le balancier de sa fameuse horloge et engendre ainsi son tic tac. Nous utiliserons plutôt dans la suite du texte le mot de « souffle », un terme qui décrit mieux cette capacité à faire avancer le temps thermique mais aussi ce qui nous permet d'agir.

Toute puissance ou pauvreté du cerveau gauche ?

Il y a dans cette pauvreté liée à jamais à la condition du scientifique et de son logos non pas un aveu d'échec mais la découverte d'un lien très profond entre le monde de la connaissance – mondes des certitudes vraies ou fausses - et le monde de l'action, de l'énergie. Un peu comme si le scientifique, qui n'aime au fond que la démonstration logique (et la certitude rassurante de maîtriser alors les choses), devait non seulement s'abandonner au monde de l'intuition, à son cerveau droit, mais aussi à son cerveau limbique, dont la force, l'énergie, émanent de cette pauvreté. Il lui faut abandonner ce sentiment de toute puissance que peut apporter la science.

Beauté (monde de l'intuition) | Vérité (monde de la connaissance)

Action
(monde de l'énergie)
3° temps

De fait, en découvrant ce 3° temps, Alain Connes met sens dessus dessous le monde de la physique, mais il ouvre aux chercheurs du siècle de la connaissance de nouveaux horizons, puisque les frontières entre sciences de la connaissance, appelées sciences cognitives, mathématiques et philosophie profonde, autrement dit la métaphysique, deviennent floues ou plutôt s'entrelacent.

Nous y reviendrons dans l'annexe sur la raison, l'action et l'idéal : le Graal du XX° siècle était bien l'énergie, liée au pétrole ou au feu nucléaire. Le Graal du XXI° pourrait être la compréhension de la notion de fluide, de thermodynamique et d'aléa, disons de phénomènes imprévisibles, qui permettent à notre cerveau limbique d'accéder au présent, au temps qui passe, et ainsi à l'action.

Ce souffle doit être vu comme une chose très sophistiquée, tout comme le cerveau limbique de l'homme, et non comme un simple dé, un « aléa » en latin, qu'il est facile de se procurer.

Chez un être humain, une dynamique perpétuelle (une *anima*) est pilotée de façon très précise (voir les 3 rôles du fluide plus haut), ce qui permet aux fluides présents dans le corps de faire l'unité entre la forme de l'être vivant et ses logos (les diverses significations de l'ADN), comme on l'a esquissé au chapitre sur la symbiose. Cette dynamique permet aussi de faire l'unité entre les différentes cellules d'un même organe et l'unité entre les organes.

Le cerveau de l'émotion doit être capable de gérer avec une grande finesse tous ces fluides et leurs propriétés thermodynamiques, la pression sanguine, les cocktails d'hormones, les différences de concentration entre fluides internes et externes qui gèrent l'influx nerveux, mais aussi la **température**, et donc les problèmes subtils de contrôle de l'énergie.

Le souffle fait des calculs très complexes en temps réel

Reprenons l'exemple décrit plus haut des deux fils de fer et de l'eau savonneuse pour expliquer l'importance du mouvement aléatoire d'un fluide. Comment ce système trouve-t-il sa surface optimale, c'est-à-dire celle qui minimise son énergie ?

Tout se passe comme si toutes les combinaisons étaient testées en même temps. En effet, l'opérateur de ce système, ce qui le met en mouvement jusqu'à l'obtention de son équilibre, est le mouvement brownien des molécules d'eau savonneuse, un mouvement très rapide, dans toutes les directions. De ce fait, toutes les combinaisons possibles des positions des molécules les unes par rapport aux autres sont testées en une fraction de seconde, et la meilleure est ainsi obtenue. Le film d'eau savonneuse trouve sa forme optimale dans l'instant, sans vraiment calculer.

Cette faculté qui correspond à l'opérateur du triplct spcctral peut être mise en relation avec la notion de superposition de tous les états quantiques possibles, propre à la physique quantique.

Ces notions quantiques permettront de mieux comprendre dans quelle mesure un ordinateur quantique pourra trouver certaines solutions optimales en un temps record, en calculant un nombre immense de solutions « sans faire de calculs », un peu comme dans l'exemple de la bulle de savon (Voir le chapitre 5.3).

Les propriétés du souffle sont liées aux pondérations subtiles

Il est aussi possible de faire varier à l'infini les pondérations des différents constituants du souffle et obtenir ainsi une fluidité, une viscosité ou d'autres propriétés très importantes pour que le sang, par exemple, puisse remplir ses nombreuses missions.

Le souffle est une énergie, une force

On l'a dit, l'énergie du vent, des vagues, de la vapeur ou du feu est toujours liée à un fluide avec une température et une dynamique. C'est le mouvement aléatoire, imprévisible, des molécules d'un gaz qui pousse celui-ci vers un compartiment vide qui devient brusquement accessible.

Toutes les notions de thermodynamique, de comportement des fluides ou d'entropie sont basées depuis notamment Boltzmann, Poincaré et Hadamard sur ces propriétés. C'est aussi le souffle qui fait avancer le balancier du temps thermique, si les hypothèses d'Alain Connes sont bonnes.

Pour les informaticiens : aléa et limites de l'ordinateur

Les informaticiens savent qu'un bon « aléatoire », appelé aussi « random », est indispensable pour de nombreux logiciels mais très difficile à obtenir. Des sociétés vendent des programmes qui génèrent de façon logique des « faux aléatoires » (en fait des suites pseudo-aléatoires de 0 et de 1) qui ressemblent le plus possible à un « vrai aléatoire ».

Pour résoudre des problèmes de simulation, indispensables à la vision, ou d'optimisation en général, il faut disposer de telles suites de bonne qualité. C'est une matière première précieuse. Plus un ordinateur dispose d'un bon générateur d'aléatoire, plus il se rapproche des capacités de nos neurones miroirs ou de ceux d'un oiseau qui tente un atterrissage délicat.

Les découvertes d'Alain Connes apportent d'ailleurs un nouvel éclairage sur ces problèmes d'optimisation qui se disent « NP-complets » en informatique. Le souffle permet de tester un nombre gigantesque de possibilités « en même temps » et de trouver une solution sinon vraie, du moins bénéfique, sans calculer.

Précisons enfin que le mathématicien Gregory Chaitin a démontré qu'on ne pourra jamais prouver, de façon logique, qu'une suite de 0 et de 1 est une suite « vraiment aléatoire ». Le monde de la logique n'a pas accès au monde des probabilités et de l'aléatoire. Par contre, le cerveau droit voit tout de suite qu'une telle suite, transformée en une image noir et blanc, n'est certainement pas aléatoire, et ceci en détectant la moindre régularité, qui lui saute aux yeux. C'est un exemple d'évidence « négative ».

Nous l'avons vu, la notion d'aléa est une notion très subtile, liée à des notions géométriques et algébriques (autrement dit trinitaire) et il semble que sa compréhension soit liée aux recherches sur le 3° infini, à la géométrie non commutative et au 3° temps de Connes et Rovelli.

Proposition de relation entre les trois temps

Il n'est pas impossible que le temps thermodynamique fasse l'unité entre le temps géométrique d'Einstein et le temps logique de la physique quantique, à priori inconciliables, et participe ainsi à la résolution du problème majeur des physiciens : Réunir le monde de l'infiniment grand, celui de la relativité générale d'Einstein et le monde de l'infiniment petit, la physique quantique. C'est le problème de la « gravité quantique », unc notion on ne peut plus réelle puisqu'il s'agit de la force de gravitation.

Le temps d'Einstein a une FORME. Il participe bien à la forme, à la courbure de l'Espace-temps.

Le temps de Connes est un FLUX thermodynamique, avec une certaine température.

Le temps chronologique garantit une certaine LOGIQUE. C'est un temps linéaire, une sorte de ligne droite.

Temps géométrique
FORME

Temps chronologique
LOGIQUE

Temps thermodynamique
FLUX

Le temps chronologique serait engendré à partir de la forme de l'Espace-temps par le temps thermodynamique, comme le monde de la logique est engendré par le monde des probabilités, à partir de la géométrie.

Si la relativité générale correspond au monde de la géométrie, du continu, donc au grand infini ; si la physique quantique correspond au monde de l'algèbre, du discret et du 2° infini ; il n'est pas impossible que la découverte du lien entre les deux passe par la question du 3° temps et donc du 3° infini.

7. L'énigme du 3° infini

L'idée qu'il existe trois temps physiques ou plutôt trois temps en physique peut laisser rêveur. Et tout cela semble bien éloigné de mes problèmes très concrets de reconnaissance des formes. Reprenons l'histoire depuis le début.

7.1. Premières recherches liées au triplet

Septembre 1986. Jacques Lebbe, médecin, biologiste, informaticien et spécialiste de sciences cognitives (autrement dit d'intelligence artificielle) me propose un travail de recherche sur la reconnaissance visuelle des touffes de soie disposées sur le coxite des phlébotomes mâles d'Amérique du Sud.

Pour commencer, le mot *phlébotome* ne me dit rien qui vaille, je sais juste qu'il s'agit d'une insulte du Capitaine Haddock dans un album de Tintin. Les phlébotomes sont des moustiques microscopiques, des sortes de moucherons. Mais ils font 200 ou 300 000 morts par an en Amérique du Sud, et autant dans le reste du monde. On connaît alors 700 espèces de phlébotomes sud-américains, dont 20 sont porteurs potentiels d'un parasite mortel pour l'homme, qui donne la leishmaniose.

Quand je rencontre Jacques et Régine, ils sont chercheurs à la faculté de Jussieu dans le laboratoire du Pr. Cusset, Tous deux sont biologistes mais aussi médecins, mathématiciens et informaticiens. Ils travaillent toujours ensemble, ne se séparent jamais.

Ces merveilleux savants consacrent leur vie à la mise au point d'un modèle général de description des connaissances en Médecine et Biologie, assorti d'un logiciel d'aide au diagnostic médical et à l'identification des espèces animales et végétales. Ils cherchent à comprendre comment jaillit ce genre de décision – diagnostic médical ou reconnaissance d'une espèce – et surtout à partir de quelle masse de connaissance. Il faut souligner que dans la plupart des domaines étudiés, une décision erronée peut entraîner la mort.

Comment les biologistes font-ils pour identifier un champignon mortel, et comment construire un système d'aide à l'identification de champignons sur Internet ?

Comment les médecins diagnostiquent-ils une infection bactériologique grave et comment aider les hôpitaux à choisir parmi les centaines de tests chimiques, biochimiques ou de résistance à tel ou tel antibiotique – celui ou ceux qui vont leur permettre d'identifier la bactérie à l'origine d'une infection ? Un tel travail traduit en un logiciel très complexe permet de faire descendre de plusieurs jours à quelques heures le choix de l'antibiotique à prescrire.

Alors que nous travaillons sur les modèles de représentation des connaissances et les algorithmes destinés à ces charmantes bactéries, je m'écrase en parapente et attrape une infection terrible dans le service de l'hôpital qui tente de me reconstituer à partir des morceaux encore en état. Les médecins vont mettre trois jours à trouver le bon antibiotique. Ma température monte jusqu'à 41 °C. Je comprends alors l'importance du travail en cours. Et je me fais enguirlander par Jacques qui, peu convaincu de l'intérêt de mes exploits aéro-sportifs, me reproche le temps précieux que j'y consacre : « Si tu avais travaillé plus vite, tu aurais pu bénéficier du logiciel d'identification ! ». La motivation d'une équipe de recherche est importante.

Jacques et Régine ont travaillé en Guyane avec le Pr. Dedet, directeur de l'institut Pasteur de Bolivie, un spécialiste de la leishmaniose. Jean-Pierre Dedet dirige maintenant le service de médecine tropicale à Montpellier, où il me montre les photos des ravages causés par cette maladie sur des hommes, des femmes, des enfants. Une horreur... La leishmaniose viscérale transmise par le phlébotome s'attaque à ce qu'il y a en chacun de nous de plus humain, elle détruit le visage même des malades. Ce qui la rend insupportable.

Jacques, Régine et Jean-Pierre travaillent à la mise au point d'un logiciel d'aide à l'identification des phlébotomes, en lien avec les laboratoires d'entomologie de tous les pays d'Amérique du Sud. Si un biologiste péruvien ou bolivien identifie un de ces insectes redoutables dans une vallée, les autorités font parfois évacuer les habitants. Dans le cas contraire, on a vu la population entière de certaines vallées mourir en quelques années de cette maladie que l'on ne sait pas soigner.

Autant vous dire qu'il ne faut pas se tromper d'espèce, quand on observe à la loupe binoculaire le moustique en question. Si un phlébotome mortel n'est pas repéré, les conséquences peuvent être terribles. Inversement, il s'agit de ne pas évacuer plusieurs villages uniquement parce qu'un biologiste se trompe et identifie comme mortel un spécimen appartenant en fait aux 680 espèces de phlébotomes réputés inoffensifs.

Un des meilleurs moyens de ne pas se tromper est de regarder le dessin formé par des touffes de soie sur l'appareil génital du moustique, le coxite. Chaque moustique a sa propre signature, une sorte de clef, un peu comme un idéogramme chinois, qui donne l'espèce. Cette signature a aussi pour fonction de faire en sorte que les mâles identifient les femelles de leur espèce parmi toute une ribambelle d'autres femelles.

Analyser ce processus de vision est aussi simple que de comparer le style littéraire et graphique d'écrivains chinois de différentes périodes... sans avoir la moindre connaissance des caractères chinois. Moi qui suis fasciné par les idéogrammes de l'empire du Milieu, leur poésie et leur beauté, la petite histoire racontée par chacun d'entre eux, je n'en crois pas mes yeux.

On ne peut reconnaître l'ensemble du dessin qu'en analysant les différentes composantes du dessin. Mais on ne peut donner une signification correcte de chacune de ces parties qu'après avoir reconnu l'ensemble ! Il s'agit de ma première rencontre avec cet « effet Arcimboldo », cet éternel paradoxe que je retrouverai souvent, par exemple en étudiant les yeux des pilotes d'essai.

Un vieil ami philosophe m'avait appris que d'Aristote à Charles Sanders Peirce, de grands penseurs ont étudié ce problème de sémiotique (autrement dit de signification) depuis longtemps. Leurs analyses tournent autour d'un triplet et de la façon de mettre en relation les trois dimensions de celui-ci.

Cela va m'aider à proposer un début de solution à cet étrange effet Arcimboldo dans mon mémoire de thèse. Mais cette solution est encore très limitée bien que fort compliquée. Au fond, je n'ai qu'à peine entrevu l'ampleur des difficultés mathématiques et presque philosophiques inhérentes à la vision en général, et à la vision artificielle pour ce qui concerne le monde des ordinateurs.

Nous travillons en équipe pour peaufiner le logiciel d'aide à l'identification de phlébotomes mortels que les laboratoires d'entomologie Amérique du Sud attendent. Mais mon modèle mathématique est trop complexe et le logiciel envoyé ne prend pas encore en compte les touffes de soies pour parfaire l'identification. Ce logiciel, Xper, est malgré tout très performant. Il est aujourd'hui utilisé pour aider à reconnaître des insectes comme les phlébotomes mais aussi de nombreuses espèces animales et végétales dans des laboratoires du monde entier. Régine Vignes continue son développement au L.I.S., le Laboratoire d'Informatique et de Systématique, à Paris.

Gérard Cusset et Jacques Lebbe m'envoie alors faire une thèse de mathématiques au laboratoire d'Edwin Diday à Dauphine en lien avec l'équipe d'Yves Lechevallier de l'INRIA, spécialiste de problèmes de classification et de reconnaissance des formes.

Edwin et Yves sont les seuls à défendre dans le monde des mathématiques et de l'informatique appliqués aux problèmes de la reconnaissance des formes l'idée qu'une espèce animale, une maladie, doit pouvoir être décrite et analysée en tant que telle. Ils appellent ces choses des « objets symboliques ».

Les besoins sont immenses dans les secteurs de la vision, de l'intelligence artificielle et des sciences cognitives en général, et ce dans toute une série de domaines scientifiques ou industriels liés ou non à Internet. J'oublie peu à peu les enfants boliviens au visage détruit par la leishmaniose pour me plonger dans les nombreux domaines de recherche des mathématiques « de la décision » et autres sciences de la connaissance. Après moult péripéties, je finis par suivre la trace d'Alain Connes à la découverte du nouveau continent mathématique dont le cœur est le concept de triplet spectral.

Edwin, ce grand chercheur en mathématiques appliquées et en informatique, sait bien que faire le lien entre nos mathématiques et celles d'Alain Connes est très difficile, mais il m'encourage. Tel un navigateur qui réussit à faire le tour de la terre par l'Ouest pour rejoindre l'extrémité orientale des Indes, Alain Connes est un explorateur extraordinaire. Il résout avec élégance de nombreux problèmes de la physique quantique. Nous autres, les forçats de l'IA et des sciences cognitives, essayons péniblement de résoudre des problèmes mathématiques très concrets, qu'il faudra traduire en logiciels destinés à des machines limitées au petit infini. Nous vivons sur deux continents très éloignés, mais il y a un lien fort.

Nous l'avons dit, les choses ne se passent pas de la même manière dans le monde physique selon l'échelle à laquelle on se place. À grande échelle, c'est la théorie de la relativité d'Einstein qui s'applique, et à petite échelle, c'est la physique quantique.

Dans mes problèmes d'identification de moustiques, ou dans la reconnaissance d'un visage comme celui d'Arcimboldo, on voit bien que nos yeux passent sans arrêt d'une échelle à l'autre, du visage dans son ensemble aux composants du visage.

Le monde est organisé comme cela. On pourrait dire qu'il est au plus profond de lui-même « compositionnel », et cela permet à notre cerveau de reconnaître des formes composées complexes, en utilisant des relations de composition toutes fondées sur un triplet.

Pour Cantor, l'infini mathématique lui-même ne fonctionne pas de la même manière suivant l'échelle à laquelle on se place. Il y a bien différentes échelles d'infini. Pour Alain Connes, c'est une propriété essentielle des mathématiques et de la réalité physique. Il n'y a pas de « lois universelles », autrement dit vraies à toutes les échelles, comme le soutenait Newton.

S'il a bien découvert, comme je le pense, l'Amérique des Mathématiques, ce 3° infini tant recherché, ce monde de paradoxes, fondé sur le triplet spectral, il nous fait là un cadeau en or car nous avons besoin de cette réalité trinitaire, notamment de cet infini trinitaire.

Mais, quoi qu'il en soit, Alain Connes est le mathématicien qui ose tirer toutes les conclusions de cette idée folle, l'idée que les choses, y compris l'infini, sont différentes en fonction de l'échelle à laquelle on se place, qu'il y a des relations de composition entre ces niveaux d'échelle, et qu'il est possible de jouer avec ces échelles d'infini[11].

Lors d'un entretien, Alain Connes me confirme que la géométrie non commutative est certainement un domaine prometteur pour comprendre les mystères de la reconnaissance des formes.

[11] En physique quantique, le jeu étonnant avec ces échelles d'infini s'appelle la renormalisation, une des clefs du travail d'Alain Connes sur le « texte sacré », la fameuse équation du modèle standard, décrite plus haut.

Au cours de mes recherches, je finis par acquérir la certitude qu'Alain Connes a bien trouvé le 3° infini. Aussi, c'est plein d'espoir que je lui annonce qu'une des conséquences de sa découverte règle le vieux problème mathématique du continu, et nous ouvre un continent merveilleux en reconnaissance des formes. Mais Alain Connes n'est pas convaincu. Intrigué, mais pas convaincu.

Je suis désespéré. Je me dis que j'ai dû interpréter de manière erronée une des effroyables subtilités de la géométrie non commutative.

7.2. Première idée folle : la trinité radicale de Panikkar

Mai 2010. Dans un petit village catalan juché sur une falaise haute de 1000 mètres, je viens d'entendre la réponse la plus étonnante et probablement la plus pertinente aux innombrables questions que cette quête sans fin a fait naître dans mon cerveau pendant un quart de siècle. Je suis devant Raimon Panikkar.

Docteur en philosophie, en théologie et en sciences, Raimon Panikkar a enseigné la philosophie à Harvard. Il est l'auteur de nombreux ouvrages et articles présentant ses analyses des textes de Platon, d'Aristote et de saint Thomas d'Aquin, mais aussi de la pensée orientale, hindouiste et bouddhiste.

Panikkar est une sorte d'homme-monde, de passe-murailles, né à Barcelone d'une mère catalane et d'un père brahmane originaire du Sud de l'Inde. Il utilise une douzaine de langues pour écrire ses livres. Élevé dans les deux cultures, indienne et chrétienne, Panikkar est hindou, « Vous comprenez, je ne peux à la fois être hindou et ne pas être hindou ». Ancien chercheur à l'université de Bénarès au cœur de l'Inde, traducteur de tous les textes sacrés et philosophiques de l'hindouisme, il est aussi un des théologiens chrétiens les plus importants de son temps, grand spécialiste du dialogue interreligieux.

En Inde, il retrouve un moine bénédictin, Henri Le Saux, qui avec Jules Montchanin, un théologien, s'est lancé dans une aventure spirituelle inimaginable jusque là : Aller à la rencontre de l'extraordinaire pensée non dualiste de l'hindouisme dans un dialogue avec la spiritualité trinitaire chrétienne.

Passionné depuis toujours par la question trinitaire – « La passion de toute ma vie » me dit-il – il part en Inde et cherche à vivre de l'intérieur, à expérimenter, la spiritualité non dualiste hindou, l'*Advaita.* Il va ainsi apporter un nouvel éclairage sur toute la pensée occidentale.

Pour qui veut étudier l'histoire de la philosophie occidentale, l'étude de la pensée trinitaire de théologiens chrétiens comme saint Augustin ou saint Thomas d'Aquin est incontournable. On ne peut pas non plus faire l'impasse sur la notion de *Psyché tripartite* de Platon, le triplet sémiotique d'Aristote, la dialectique de Hegel, sur l'organisation politique en trois pouvoirs, etc.

Mais Panikkar va plus loin. Il a compris que l'ouverture de l'Occident aux autres cultures devait passer par la compréhension du concept trinitaire. Pour lui, ce concept est la source d'un dialogue, auquel il participe depuis plus d'un demi-siècle, entre l'Orient et l'Occident, entre la pensée hindoue et la pensée chrétienne, entre la pensée des bouddhistes ou des taoïstes et celle des plus grands philosophes et théologiens occidentaux.

Raimon Panikkar me reçoit simplement, dans son petit village de montagne. Il écoute longuement ma question qui se veut philosophique, mais derrière laquelle se cachent tant d'énigmes, de difficultés techniques, de problèmes concrets à résoudre. Quand il me donne sa réponse, je vois son regard de jeune sage hindou, 91 ans, s'illuminer, malgré la fatigue, d'une joie simple qui semble venir des profondeurs.

Bien sûr : toute réalité est trinitaire

Je ne suis pas surpris par cette réponse. Raimon Panikkar développe depuis longtemps sa pensée autour de cette idée folle, ce qu'il appelle le concept de « trinité radicale », et je trouve que mon penseur hindou exagère un peu. Sa théorie n'est-elle pas trop systématique ?

Puis il me donne un exemple précis de relation trinitaire, qui me permet de comprendre un des mystères les plus difficiles lié à la reconnaissance des touffes de soies de phlébotomes. Je réalise alors que cette idée est sans doute la clef des réflexions laborieuses que je tente de mener depuis 25 ans.

* *
*

Je tiens enfin un début de réponse au « mystère Arcimboldo », au problème si difficile de la reconnaissance des formes. Je repense à ces visages ravagés par la leishmaniose, aux innombrables accidents liés à l'endormissement des conducteurs et des pilotes, aux milliers d'enfants tués tous les ans, environ 2000 en Europe, par des automobiles.

Il nous faut mieux comprendre la façon de reconnaître un enfant en partie caché, et la façon de prendre une décision en une fraction de seconde dans nos logiciels d'IA. Pour cela, nous avons besoin de mieux comprendre le monde des probabilités, et le temps probabiliste ou thermodynamique d'Alain Connes...

Nous rentrons ici dans un domaine très délicat. Il faudrait d'ailleurs se munir au cours du chapitre qui suit d'une bonne poignée de guillemets et les disposer avec soin autour de la plupart des mots utilisés.

La trinité radicale de Panikkar

Pour Raimon Panikkar, lorsque le souffle engendre du logos, ce logos se subdivise et devient lui-même « réalité trinitaire », et cela de façon très précise. Il devient d'une certaine façon plus indépendant. On a affaire à une sorte de récursivité, ou si l'on préfère de trinitaire fractal.

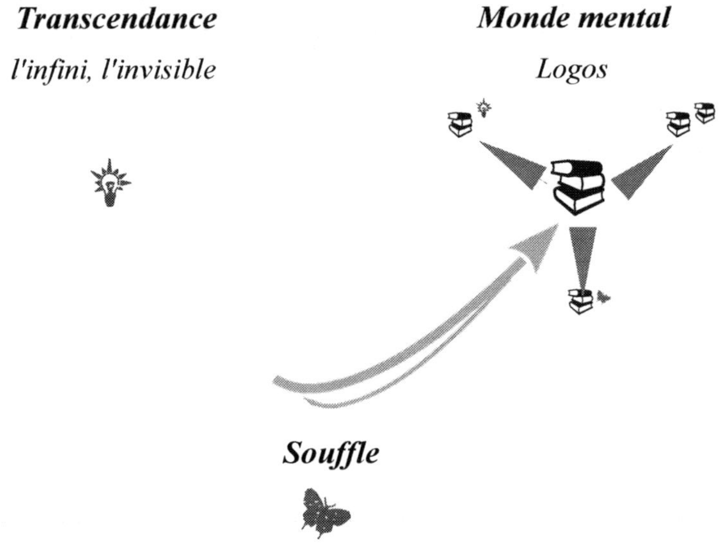

Relation N°2

(Subdivision)

Il s'agit d'une « Relation N°2 », très différente de la Relation N°1 décrite dans le chapitre *6.3. Pourquoi la notion de triplet se trouve au cœur de la physique quantique*. Raimon Panikkar me donne la clef de cette notion fort subtile, en quelques phrases d'explication.

Pour donner un exemple de cette subdivision, prenons un article récent de Peter Hagoort, spécialiste en psycholinguistique, dédié à la façon dont l'hémisphère gauche traite le langage.

Modèle MUC de Peter Hagoort

Une des trois grandes parties du cerveau gauche, le lobe temporal (augmenté de zones voisines elles-aussi dévolues au langage), serait décomposable, d'après Peter Hagoort, en trois zones utiles à l'analyse d'une phrase (les zones MUC) :

- Une zone dévolue à la Mémorisation
- Une zone dévolue à l'Unification
- Unc zone dévolue au Contrôle

Ces trois zones seraient chacune décomposables de façon récursive en trois sous-zones spécialistes des propriétés phonologiques (liées aux sons eux-mêmes), morphologiques (la structure de la phrase) et sémantiques (le sens que l'on donne parmi les différentes significations possibles, autrement dit la polysémie) du langage.

On voit bien dans cet exemple que le trinitaire doit avoir quelque chose de récursif, à la manière de poupées russes :

- Notre cerveau serait composée de trois cerveaux.

- Un de ces trois cerveaux serait composée de trois lobes, dont le lobe temporal, étudié par Hagoort.

- Ce lobe serait composé de trois zones,

- Ces trois zones sont elles-mêmes composées de trois sous-zones ...

On retrouve cette idée, par exemple dans le domaine du pouvoir judiciaire, qui se doit d'avoir un sous-pouvoir exécutif (le juge d'instruction) et un sous-pouvoir législatif (le juge jurisprudentiel, qui ne produit pas vraiment de lois, mais bien... du droit), en plus du juge proprement dit, le juge du siège, celui qui décide que tel fait passé est vrai ou faux. Nous détaillons cette notion au chapitre « Les trois pouvoirs » de l'annexe « Autres triplets ».

Engendrement et subdivision

On pourrait dire que pour Raimon Panikkar, l'équivalent du cerveau droit (ce qu'il appelle la source) **engendre** de façon dynamique, par le souffle vital (et donc le cerveau limbique), une « personne » en tant que telle (un cerveau gauche indépendant), capable de langage, qui devient alors trinitaire, et ceci de façon très précise.

À ma connaissance, les neurologues n'utilisent pas le mot « engendrer » mais il semble bien que le cerveau droit engendre (par le cerveau des émotions et ceci de façon dynamique, dans l'interaction avec le monde qui l'entoure) un cerveau gauche indépendant, qui s'incarne alors dans une culture et une langue donnée.

L'être humain ne deviendrait ainsi une personne responsable, et donc libre, qu'au moment où son cerveau gauche s'individualise, se sépare du cerveau droit, et explose d'une certaine façon en trois entités. Les neurologues appellent « latéralisation » cette apparition d'un cerveau gauche de plus en plus indépendant, de l'âge de deux ans jusqu'à l'acquisition complète du langage.

Explosion du cerveau droit, source de l'engendrement

Mais le cerveau droit ne peut engendrer, par le cerveau limbique, cette subdivision trinitaire du cerveau gauche que parce qu'il est source lui-même d'une sorte d'explosion trine. Un peu comme si le cerveau gauche restait toujours l'image du cerveau droit (dans le monde du langage et donc de la logique).

Ces triplets récursifs ne peuvent fonctionner que parce qu'ils entrent en relation(s) dynamiques, relations que Raimon Panikkar décrit depuis un demi-siècle dans ces nombreux ouvrages et articles sur le sujet.

Le cerveau gauche, en devenant le cerveau du langage, prend ainsi le contrôle de la main droite qui va devenir la main dédiée à l'écriture (chez les gauchers, il y a souvent inversion entre cerveau droit et cerveau gauche). Le monde de l'action (ici le fait d'écrire) qui était le domaine réservé du cerveau des émotions se trouve comme empiété par le cerveau du langage. Le cerveau gauche devient à la fois plus autonome tout en se nouant de façon plus intime aux deux autres cerveaux.

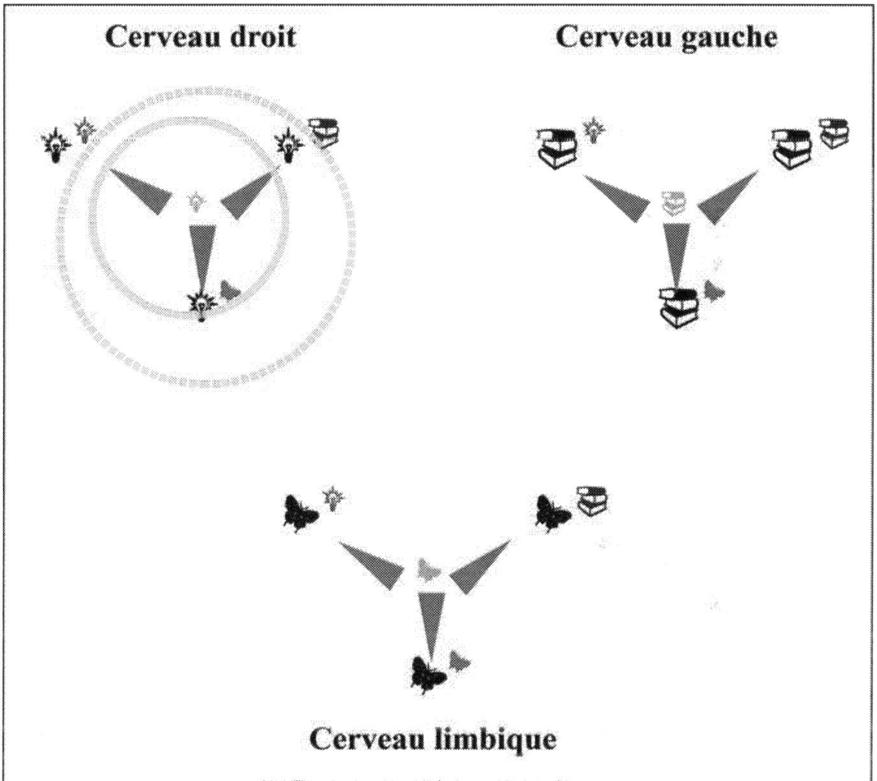

Début de l'explosion

Ces trois réalités, représentées ici par trois cercles, peuvent alors dessiner un de ces nouages typiques qui ont fascinés de nombreux philosophes depuis fort longtemps et plus récemment de grands mathématiciens spécialistes de topologie. Un des plus intéressants est le célèbre nœud borroméen.

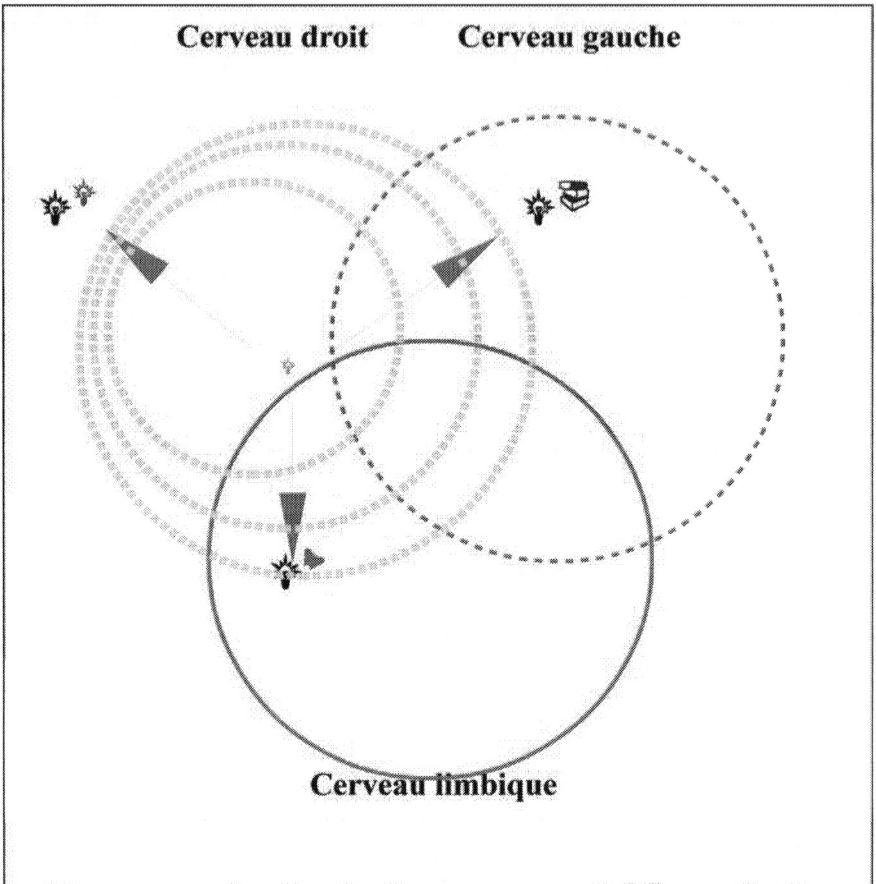

Nouage entre les trois cerveaux à l'âge adulte

Mais tout cela me laisse un peu songeur. Cette trinité radicale, et donc ces sortes de poupées gigognes ou disons de subdivisions trinitaires me paraissent être sans fin !

Tiens, encore une histoire d'infini.

Raimon Panikkar sourit.

Nous discutons alors sur l'état des recherches concernant le problème du troisième infini, et donc de la réalité trinitaire ou non de l'infini lui-même en mathématique, problème qu'il connaît bien. Et je crois comprendre que le résultat de cette recherche ne fait pas de doute pour lui. En voilà un drôle de théologien !

Une idée me trotte dans la tête. Et si Alain Connes se trompait ? Et si, comme Christophe Colomb qui a découvert l'Amérique en croyant arriver aux Indes, il avait bel et bien découvert le 3° infini, l'Amérique des mathématiques.

Raimon Panikkar me redonne confiance. Il faut se relancer à l'assaut de l'énigme du 3° infini, cet infini mystérieux, ce lieu étrange où doivent se trouver le présent, l'énergie et le temps qui passe. Allez, un peu de courage, un peu d'énergie.

* *

*

7.3. Deuxième idée folle : si on avait une connaissance absolue de tout, le temps ne passerait pas

> Si on connaissait la nature complètement, si on avait toute la connaissance, le temps ne passerait pas. Le temps passe parce qu'on a une connaissance partielle, Alain Connes

Reprenons cette idée d'un temps thermodynamique décrite au chapitre 6, ce temps dont le moteur est l'aléa quantique, son coté essentiellement imprévisible.

Si les mathématiques « engendrent » leur propre temps physique, on pourrait presque dire que celles-ci sont vivantes. Seule une réalité bien vivante peut en effet engendrer quelque chose d'aussi réel et vivifiant que le « temps qui passe », celui qui nous fait vieillir, celui qui fait que l'on se sent vivant.

Nous avons vu au chapitre consacré au cerveau que le 3° cerveau est le cerveau des émotions, celui qui gère les mouvements. La 3° dimension de l'amour, celle qui correspond au cerveau des émotions, est celle du passage à l'action.

Dans le monde vivant, le monde des fluides, ce monde étrange où évoluent avec bonheur les probabilités, sont toujours liés à une notion d'énergie.

Le monde de l'action et de l'énergie correspond au 3° infini. Celui-ci est une sorte de papillon en mouvement permanent, imprévisible, si difficile à saisir depuis un siècle et demi. C'est un peu l'âme des mathématiques, sa *Psyché*, le *papillon* en grec. Il ressemble beaucoup au 3° temps physique... « Si le présent, pour être du temps, doit rejoindre le passé, comment pouvons nous déclarer qu'il est aussi, lui qui ne peut être qu'en cessant d'être ? Si bien que ce qui nous autorise à affirmer que le temps est, c'est qu'il tend à n'être plus », disait saint Augustin.

On pourrait en dire autant du 3° infini. Celui-ci est-il une simple illusion liée à notre connaissance imparfaite, improbable, des choses ou un moteur bien réel de la connaissance, qui nous permet à la fois d'engendrer le temps thermique, le temps qui passe mais aussi d'accéder au présent, comme nous l'avons vu au chapitre sur la perception ?

> « Le vent souffle où il veut ; tu entends le bruit qu'il fait, mais tu ne sait pas d'où il vient ni où il va », Jean, 3,8

Un peu d'histoire

Notons que cette idée folle remonte au moins à Niels Bohr, un des découvreurs de la physique quantique, qui remet en question en 1913 la vision atomiste d'Einstein pour défendre la vision d'un atome fait de nombres particuliers : des probabilités.

Einstein détestait cette idée et répondait à Bohr : « Un atome ne peut pas être une matrice de nombres. Nous sommes faits d'atomes, pas de nombres »

Alain Connes se situe clairement dans la lignée de Niels Bohr, de Werner Heisenberg (et de Paul Dirac), et donc contre la position d'Einstein, mais il va beaucoup plus loin.

On peut aussi considérer que la notion d'entropie statistique introduite par Ludwig Boltzman en 1877 fait un lien encore plus précoce entre le monde des mathématiques et l'irréversibilité du temps en physique. Mais la notion de triplet et son rôle central s'imposent vraiment avec la physique quantique et la géométrie non commutative. Toujours est-il qu'il n'est pas impossible que le deuxième principe de la thermodynamique, et donc l'existence de la notion d'entropie, corresponde en fait au 3° infini en mathématique et à ses propriétés, dont bien entendu le temps thermodynamique, le temps qui s'écoule.

Ces deux idées folles s'associent en fait naturellement

Les intuitions panikkariennes de réalité qui devient trinitaire rejoignent cette idée folle de mathématiques qui engendrent leur propre temps physique : Il suffit de considérer que le monde mathématique, le monde mental et le monde physique forment un triplet. Celui-ci pourrait être comparé au triplet *cosmothéandrique* de Panikkar, triplet formé du *Cosmos*, du *Theos* et de l'*Anthropos*, et des relations que ces trois réalités entretiennent entre elles.

Penrose propose dans *Les ombres de l'esprit* une idée proche, où « Chacun de ces trois mondes – le monde platonicien des formes mathématiques, le monde physique et le monde mental – semble mystérieusement émerger d'une – ou du moins être intimement lié à une – petite région de son prédécesseur ».

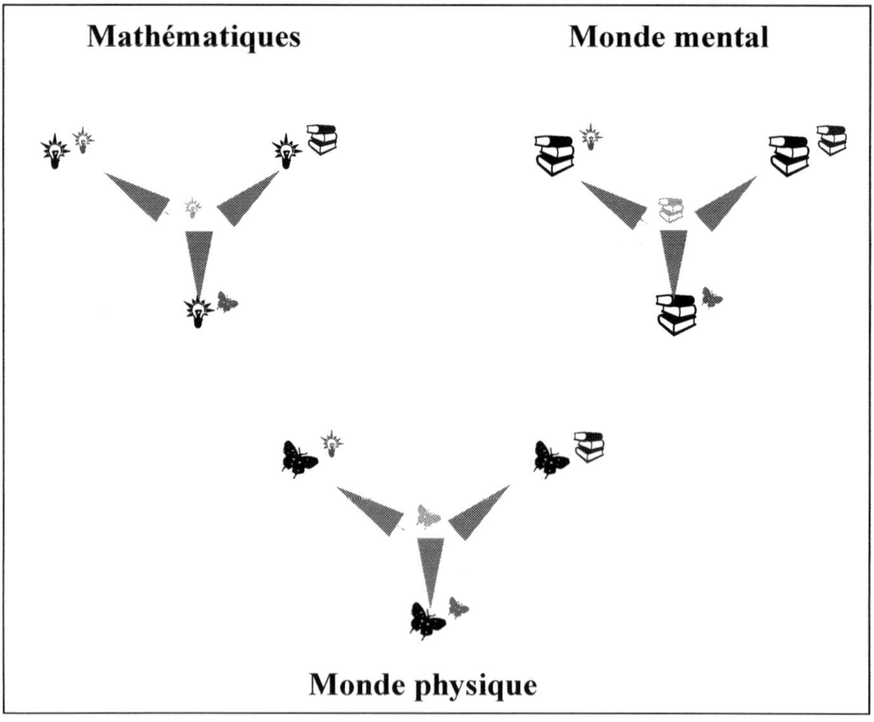

De fait, si toute réalité est trinitaire ou a vocation à se « trinitariser » dans le sens de Raimon Panikkar, on pourrait penser que le monde mathématique vit cette sorte d'explosion et empiète sur le monde physique, tout comme dans l'exemple des trois cerveaux.

Dans cette hypothèse, on pourrait dire que les mathématiques acquièrent alors une dimension physique !

 Ou que les idées platoniciennes, symbolisées par une ampoule acquièrent alors une dimension thermodynamique, symbolisé ici par un papillon :

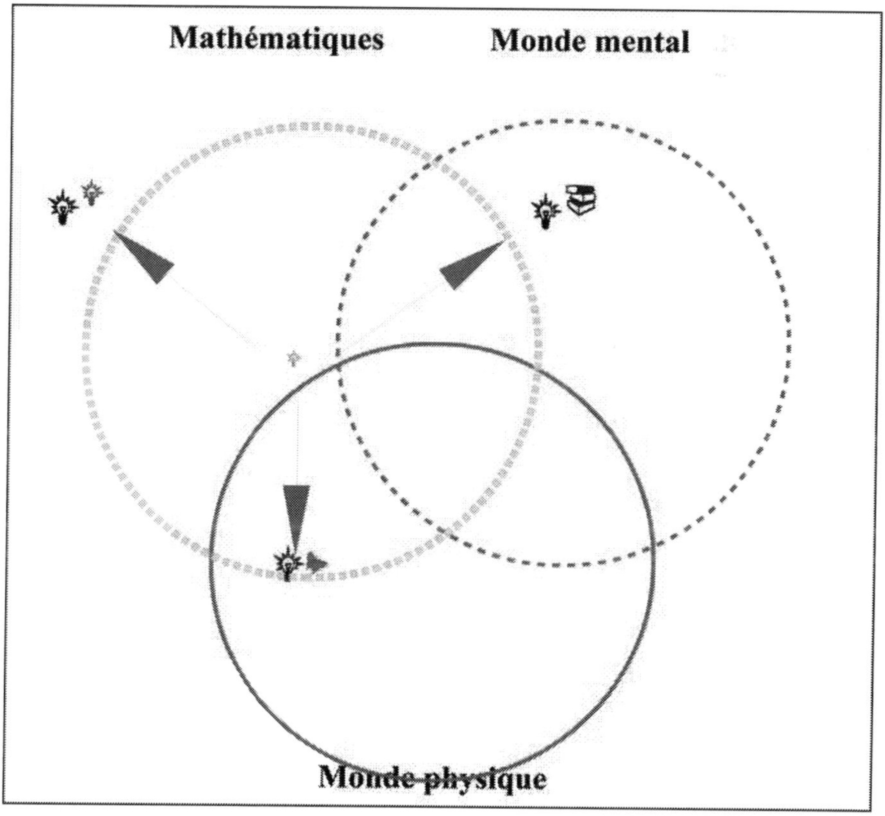

7.4. Le 3° infini, le 3° temps et la solution de l'énigme ?

Les découvertes en physique quantique nous apprennent que les mathématiques interagissent de façon inextricable avec le monde physique et avec le monde mental de l'être humain. Un observateur sera toujours confronté aux probabilités pour entrer en relation avec la physique quantique. Comme si la dimension des mathématiques qui se nouait avec le monde physique correspondait au monde des probabilités.

Mais pour Alain Connes, c'est parce que notre connaissance de la réalité physique ne peut être que partielle que le temps passe.

Une probabilité est à la fois un manque de connaissance et le poids de cette étrange « horloge divine » qui met en mouvement le balancier et entraîne le tic tac.

Une probabilité est une force

Il semble que le 3° infini existe bel et bien, et que ce concept mathématique soit tout sauf une illusion puisqu'il s'agit de la dimension la plus réelle des mathématiques de l'infini, la 3° dimension d'une réalité trinitaire (cette dimension transcendante, hors du monde, que sont les mathématiques) qui entre en relation avec le monde mental des êtres humains et avec le monde physique. Si cette hypothèse est vraie :

Il s'agit bien de l'infini des probabilités, de l'infini du possible.

Il s'agit bien du tic tac de cette horloge découverte par Alain Connes, du moteur du 3° temps physique, celui qui nous fait accéder au présent, celui grâce auquel nous nous sentons vivre.

Solution de l'énigme ?

Autrement dit, pour démontrer l'existence de ce 3° infini, il suffirait ainsi de considérer la réalité du 3° temps, le temps qui passe, de se regarder vivre et vieillir. Cette démonstration ne paraît pas très scientifique mais, au fond, la seule chose dont nous soyons certains n'est-elle pas le fait que le temps passe, que nous vieillissons et que nous allons mourir ?

Cet infini permet à une colombe de réagir en « temps réel » à un coup de vent imprévisible pour atterrir en beauté mais aussi à notre mental d'avoir accès au présent et ainsi d'agir, comme nous l'avons vu au chapitre sur la vision. Il correspond à la fois au temps qui passe, ce Souffle qui met en mouvement l'ensemble du cosmos, et à l'*anima*, le souffle qui anime toute chose...

> Le souffle est à la fois physique et spirituel. La notion de souffle est profondément enracinée dans l'esprit chinois. C'est ainsi que lorsqu'un chinois exerce la gymnastique chinoise taichi ou la calligraphie, il sait qu'il est en train de réactiver le souffle qui l'anime. Et il ne doute pas un seul instant que c'est ce même souffle qui est en train de mouvoir l'univers.
>
> Selon la pensée taoïste, le souffle de chacun est relié au souffle des autres vivants, et par là au grand Souffle de l'univers, cela depuis l'origine.
>
> François Cheng, *À voix nue,* 20 octobre 2014

Pour David Hilbert, Cantor a ouvert aux mathématiciens les portes du paradis en découvrant qu'il existait un grand infini différent de l'infini des nombres entiers. Ce paradis est bien une réalité s'il s'agit d'un infini trinitaire au sens de Raimon Panikkar.

Postface : 3° infini et IA

Revenons aux questions plus concrètcs dc rcconnaissance des formes et de sciences de la connaissance (autrement dit de l'intelligence artificielle, ou IA).

Nous l'avons vu, un ordinateur ne fait que manipuler des nombres entiers, des suites de 0 et de 1. On pourrait dire qu'il ne vit que dans un univers binaire, et ne peut avoir accès au trinitaire.

Un ordinateur peut certes utiliser des opérateurs de probabilité (comme les opérateurs de convolution typiques des logiciels de *Marchine Learning* ou *Deep Learning*), ou d'autres types d'opérateurs. Il peut « faire beaucoup de choses en probabilité » mais il n'est pas vivant. Il n'est pas traversé par un fluide en mouvement et ne vivra donc jamais de véritables émotions. Il n'a donc pas accès au 3° infini. Il n'est pas animé, n'a pas d'âme, *anima* en latin (ou de Psyché, *Papillon* en grec).

Un ordinateur peut « faire des choses en géométrie », mais n'a pas accès au grand infini, aux irrationnels et à la notion de mémoire infinie, aux évidences absolues, à l'intuition, aux conjectures en mathématiques, à la découverte de réponses ne correspondant à aucune question, comme la ressemblance entre côtes de l'Afrique et de l'Amérique du Sud. Il ne peut voir l'invisible.

Il ne pourra reconnaître en temps réel les émotions sur le visage d'autrui en vivant ces émotions, ceci grâce à la géométrie du visage, des muscles, des neurones miroirs, et toutes les autres formes d'une précision infinie (de l'infini de la géométrie) dans lesquels circulent les fluides d'un être humain.

Une machine ne sera donc jamais vraiment trinitaire dans le sens panikkarien du terme. Pourtant, un logiciel d'IA devra respecter, pour être contrôlable par la société des hommes, un schéma sinon trinitaire du moins « trine ». Nous employons ici le terme « trine » pour marquer une différence avec le trinitaire décrit au long de ce livre, lui-même différent des notions liées à la Trinité des théologiens.

Relation de contrôle (N° 3) de l'IA par l'humain

En effet, tout logiciel d'IA placé par exemple dans une automobile doit pouvoir être contrôlé d'une part par le législateur, et de l'autre par le juge.

Le contrôle du législateur

✤ Le pouvoir législatif peut imposer au logiciel de détecter de nouveaux panneaux de signalisation, de nouvelles formes plus complexes comme « un enfant sur un vélo » ou « un enfant sur un skateboard », un animal dangereux, un animal à protéger. Il peut imposer des figures types à détecter comme « toutes les configurations d'enfants jouant avec un animal de compagnie » ou « toutes les configurations d'enfants jouant au ballon ».

Il pourrait ainsi fournir des banques d'images de telles configurations pour s'assurer que l'IA est capable de reconnaître tous ces situations et d'y répondre correctement, en fonction du cadre géométrique précis dans lequel se trouve le véhicule. Il peut aussi fixer des distances entre le véhicule et un enfant ou « un enfant jouant au ballon » à partir desquelles le véhicule doit ralentir ou stopper son accélération.

Ces distances ne sont pas logiques, elles sont d'essence géométrique et s'adressent donc au cerveau droit de l'IA.

Un logiciel d'IA doit pouvoir s'adapter aux demandes du législateur, en espérant que celui-ci voit loin dans le futur, ceci afin de ne pas exiger de modifications trop fréquentes.

Le contrôle du juge

En cas d'accident d'une voiture pilotée par un logiciel d'IA, le juge devra essayer de comprendre ce qui s'est passé.

Mais pour être efficace, un logiciel d'IA doit comporter un module « limbique » le plus imprévisible possible. Cette puissance « aléatoire » lui permet de simuler le comportement d'un ou de plusieurs fluides. Ce principe très important sera sans doute difficile à accepter pour les juristes. Et pourtant, plus le module limbique d'un logiciel d'IA sera imprévisible, plus il pourra accéder au présent, et gérer de façon optimale une situation d'urgence.

De plus, ce module est celui qui est confronté à la réalité et donc à des situations dont la plupart sont imprévisibles. Il est par essence condamné à la prise de décisions plus ou moins optimales. Comment faire si la caractéristique principale de l'efficacité du module limbique de l'IA est de fonctionner de façon imprévisible[12] et donc de ne pouvoir s'expliquer ?

[12] « Et c'est là la deuxième grande force du Machine Learning : sa capacité à prédire mieux que la plupart des autres méthodes les comportements futurs. Quand on compare la précision des prédictions fournies, ces méthodes sont quasiment systématiquement en tête des classements par rapport aux techniques de statistiques « classiques ». Leur précision est encore améliorée quand plusieurs algorithmes sont mis en parallèle et leurs prédictions comparées lors de ce qu'on appelle des méthodes d'ensemble. [...].

Mais ceci amène à un premier problème : les algorithmes se complexifiant, il ne devient rapidement plus possible pour un être humain de comprendre ce que fait l'ordinateur. Comprendre comment un arbre de décision est déterminé par l'algorithme est envisageable quand le nombre de branches (les conditions « Si… Alors… ») est limité. Mais lorsque chaque arbre contient des centaines de branches, et que l'on utilise une méthode d'ensemble réunissant des centaines d'arbres, l'être humain s'y perd. On se retrouve face à une boite noire qu'il est impossible de déchiffrer »

Nicolas Glady, *Machine Learning contre statistiques « classiques » : qui remportera le match ?*, silicon.fr, 30 mars 2015

Il s'agit ici de relier le monde de Yann LeCun (les modèles de Deep Learning et leurs opérateurs correspondant de façon typique au module limbique et aux probabilités) aux Mathématiques quantiques, à cette science du triplet et de ses relations.

La Relation N°3, relation de contrôle et de délégation

Pour répondre aux exigences du législateur et du juge, il faut en passer par un contrôle trine de l'IA et donc une organisation trine de celle-ci :

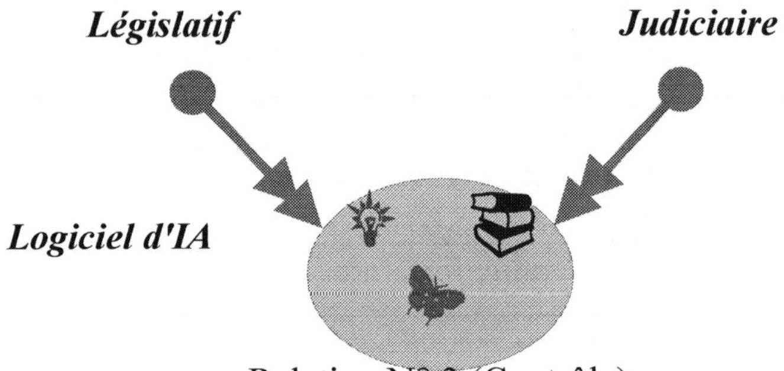

Relation N° 3 (Contrôle)

Du coté du législateur, la solution passe par la mise au point d'un module « géomètre », spécialiste d'images et de géométrie, capable de prendre en compte de nouvelles banques d'images, de nouvelles distances réglementaires, etc.

Coté juge, la solution exige la mise au point d'un module « logique » qui puisse comprendre ce juge.

Cette partie logique produit des phrases en utilisant des mots qui correspondent à des concepts, appelés aussi objets symboliques par Edwin Diday cité un peu plus haut, par exemple le concept de piéton, de cycliste ou de vélo. Elle doit donc pouvoir jongler avec des mots, leurs propriétés phonologiques, des règles de syntaxe, des règles sémantiques, comme le décrit Peter Hagoort.

Les explications à fournir au juge devront ressembler à un discours cohérent à tenir après une action prise dans l'urgence, et ce en fonction d'un contexte. Ce contexte, perçu par le cerveau droit du logiciel, mélange une description géométrique de l'environnement et du « cadre » législatif qui définit les formes de panneau ou d'obstacles à détecter.

On retrouve bien entendu notre bonne vieille Relation N°1, et le triplet sémiotique d'Aristote, « l'Imaginaire, le Symbolique et le Réel », incontournable pour donner une signification à une réalité quelconque. Le module « Imaginaire » manipule des images. Le module « Symbolique » manipule des symboles (des mots). Le module « Réel » est confronté à la réalité et fait le lien entre les deux autres.

Module géométrique **Module logique**

Gestion du contexte Interprétation de l'action

Action probabiliste

Module limbique

Les trois modules d'un logiciel d'IA et la Relation N°1

Mais il ne faut pas confondre Relations N°3 et N°1, pourtant liées entre elles. La relation de contrôle peut être aissi vue comme une délégation de pouvoir : Le module logique doit pouvoir « parler » au juge mais il doit aussi pouvoir comprendre celui-ci, prendre une certaine responsabilité que la jurisprudence lui délègue ou lui retire.

Il en est de même dans un temps beaucoup plus court si un opérateur humain est joignable en cas de problème dans un véhicule autonome connecté.

Triplet récursif et modularité, point clef de l'IA

Enfin, chaque module de l'IA peut être organisé en trois modules : Si le module limbique (du module limbique) détecte un obstacle sans pouvoir l'identifier comme étant un piéton en un centième de seconde, il doit pouvoir par prudence ralentir le véhicule avant que les modules géométriques et logiques (du module limbique) aient le temps de prendre une décision. Un peu comme notre moelle épinière prend la décision de lever notre fessier en urgence si l'on s'assoie sur une punaise, avant même que notre cerveau ait été informé. La précision d'une probabilité est liée au temps dont disposent les différents modules.

Cette question de la modularité est donc aussi liée à l'explosion trine (ou Relation N°2), mais dans un temps encore beaucoup plus long. La prise de décision et l'organisation elle-même d'un modèle d'IA sont toujours liées au problème du temps, véritable matière première (trine) des sciences cognitives.

Conclusion

Les relations N°1, N°2 et N°3 s'entrelacent de façon complexe et il est à craindre que de nombreux logiciels d'IA doivent gérer ces relations voire d'autres, moins importantes, pour résoudre le problème des responsabilités.

La construction d'un nouvel ensemble de lois et le contrôle par le pouvoir judiciaire des logiciels d'IA devra sans doute passer par une organisation trine et un ensemble de relations trines très précises, dont les relations esquissées ici.

Il est probable que les mathématiciens et informaticiens finissent par travailler de plus en plus étroitement avec des législateurs, des juristes mais aussi des philosophes du droit et des sémiologues spécialistes de relations trines. Pour comprendre par exemple pourquoi le module logique du logiciel ne pourra jamais contrôler totalement le module limbique, puisque la puissance de l'ensemble repose sur le côté imprévisible de ce dernier.

Un peu comme si l'énigme du 3° infini devait rester une énigme pour que l'homme et l'IA puissent travailler de concert.

Annexe : Autres triplets

Platon : Le beau, le vrai, le bien

Le beau

Les créateurs, ceux dont la passion est d'imaginer, sont confrontés au problème de la beauté, de la singularité. Un projet d'architecte ou d'urbanisme n'est pas vrai ou faux, il est avant tout beau ou laid. De plus, la plus grande beauté d'un bâtiment n'est pas démontrable de façon scientifique. Il semble bien que le problème du beau soit au-delà du problème du vrai.

Le vrai

Les scientifiques ont, quant à eux, d'abord affaire au problème du vrai. La théorie de la relativité générale, par exemple, est vraie ou fausse : Dire qu'il y a de la courbure dans l'espace-temps est un discours vrai ou faux. Si cela est faux, ce discours scientifique restera peut-être dans l'histoire de la pensée, mais il n'aura plus le même statut dans la communauté scientifique.

Le bien

Une action n'est pas vraie ou fausse. Elle est d'abord bonne ou mauvaise, bénéfique ou non.

Les trois absolus de Platon – le beau, le vrai, le bien – notions que l'on retrouve dans toutes les grandes philosophies, sont bien entendu toujours pertinents quand il s'agit de penser la question trinitaire.

Le problème du vrai était la passion des hommes du siècle de la Raison, parfois au détriment du problème moral du bien et du mal. Pour les rationalistes, les choses ne sont pas bonnes ou mauvaises. Elles ne sont que vraies ou fausses. C'est peut-être terrible pour certains, mais c'est comme ça. « Il n'y a pas d'alternative ! »

Les hommes du XX° siècle avaient plutôt la passion de l'action, seule façon de changer les choses pour faire un monde meilleur. Mais ils oubliaient parfois le problème du singulier et le souci de la vérité.

Les écologistes au XXI° siècle, eux, veulent sauver la beauté fragile d'une espèce unique, singulière, irremplaçable, même si celle-ci gêne les rationalistes, car elle semble ne servir à rien, et les matérialistes car elle coûte cher à sauvegarder et ne rapporte pas grand chose.

Nous développons ces notions dans l'annexe « La raison, l'action, l'idéal ».

La Trinité chrétienne

On peut faire une analogie entre les trois personnes de la Trinité chrétienne et les trois absolus du beau, du vrai et du bien :

Pour les chrétiens :

Le Père est création. Création et beauté. Le Père est celui qui crée l'Alliance, alors que le *diabolon* est étymologiquement celui qui divise.

Le Souffle (l'Esprit) est lié au bien et au mal. Il agit. Il amène Jésus dans le désert, où celui-ci est confronté aux tentations de faim ou de toute puissance. Le vent souffle où il veut, et on ne sait d'où il vient ni où il va. Il crée l'unité entre les disciples.

Le fils, Logos, est parole et vérité.

Mais les chrétiens vont parler de *trias*, en grec, ou de *trinitas*, en latin, pour montrer que le Dieu chrétien n'est pas l'être suprême, le grand architecte des philosophes grecs.

La Trinité chrétienne fait exploser cet UN originel décrit par Platon. Dieu est à la fois UN et TROIS, à la fois UN et AUTRE, inaccessible à une définition purement logique, binaire, dualiste. Une telle définition ne peut rendre compte de cette cohésion dynamique et infinie de trois infinis qu'est la Trinité pour les théologiens chrétiens.

Pour saint Augustin, il y a dans la *Psyché* un triplet qui se manifeste de façon sensible dans la mémoire, l'intelligence et la volonté. On retrouve cette idée dans le fait que l'être humain, ou plutôt son cerveau droit, a accès à une mémoire infinie puisqu'il a accès au grand infini (Voir le chapitre *La notion de mémoire infinie*). Son livre *De la Trinité* comporte par ailleurs les idées parmi les plus intéressantes que je connaisse sur la question de la perception, question profondément trinitaire… ou trine.

La théologie chrétienne apporte enfin une vaste réflexion sur la notion de relation, cœur du paradigme trinitaire. Le Logos est avant tout fils du créateur, du Père. La paternité du Logos – de la vérité – ne se trouve-t-elle pas dans la création, dans l'idée gratuite, comme on le voit dans l'exemple de Wegener ?

Les trois pouvoirs

Là encore, n'étant pas plus historien du droit constitutionnel que théologien, la rapide comparaison qui suit entre la construction récursive des trois pouvoirs en politique et la notion de triplet utilisée dans les sciences cognitives ne peut être prise que comme une simple piste de réflexion, avec tous les guillemets nécessaires.

Si le pouvoir législatif imagine le cadre dans lequel une société va évoluer (un ensemble de lois n'est pas vrai ou faux, mais une vision du futur la plus idéale possible) ; si le pouvoir judiciaire décide de la vérité ou de la fausseté de tel ou tel fait passé, quel serait le rôle d'un 3° pouvoir, et comment peut-il faire le lien ou plutôt l'unité entre les deux précédents ?

Trinité récursive des trois pouvoirs

Nous l'avons dit, le pouvoir judiciaire se doit d'avoir un pouvoir exécutif (le juge d'instruction) et un pouvoir législatif (le juge jurisprudentiel, en plus du juge proprement dit, le juge du siège.

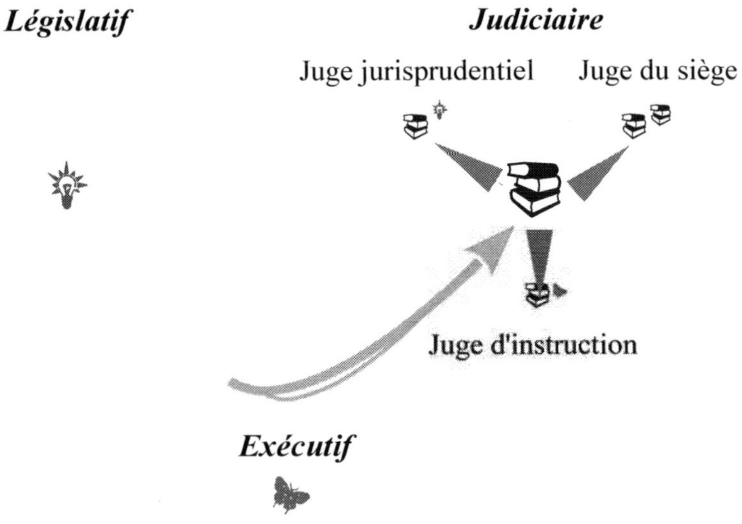

Historiquement, il semble que la mise en place d'un pouvoir judiciaire sous la forme d'une sorte de triplet récursif doive le plus souvent être initié par l'exécutif sous le contrôle du législatif. Mais il faudrait en passer par une étude de nombre d'historiens du droit pour pouvoir être plus affirmatif. Ces deux pouvoirs peuvent eux aussi se décomposer en trois sous-pouvoirs … C'est peut-être le seul moyen, pour les trois, d'entrer en relation(s) trinitaire(s).

On pourrait ainsi prendre l'exemple du pouvoir législatif qui semble s'organiser de façon trinitaire. En France, le conseil constitutionnel est un peu le cerveau gauche du cerveau droit. Il ne fait pas la loi, mais il peut juger que telle ou telle loi n'est pas acceptable. La constitution peut elle-même être modifiée par un pouvoir législatif qui prend une forme différente. Une révision peut être approuvée par référendum ou par la majorité des 3/5 des suffrages exprimés des deux chambres du Parlement réunies en Congrès.

Ce Congrès pourrait-il être vu comme une sorte de cerveau droit du cerveau droit ?

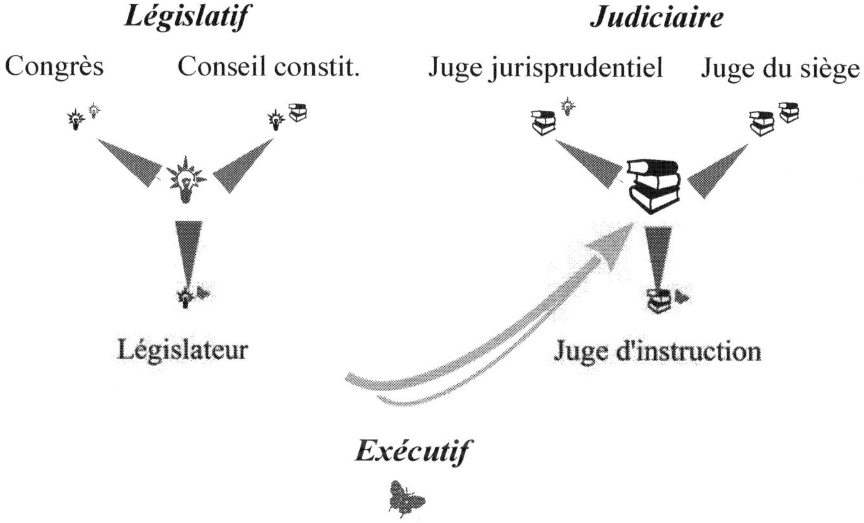

Le législateur se doit d'être plus dans le présent, dans l'action, que le juge constitutionnel ou le congrès. Ces deux derniers ont le devoir de prendre du recul, de la hauteur. En France, les juges du conseil d'état, qui conseillent le législateur et appartiennent donc au pouvoir législatif, ont aussi un pouvoir de juge jurisprudentiel dans le domaine du droit administratif.

Le pouvoir exécutif est dans l'action. Mais il doit aussi pouvoir proposer une révision de la loi au pouvoir législatif. Il dispose aussi d'un ministre de la justice pour mettre en place une politique judiciaire, en lien avec le pouvoir judiciaire.

Nous voyons ainsi que les trois pouvoirs disposent chacun d'un cerveau gauche : les juges du conseil constitutionnel ou les juges du conseil d'état pour le pouvoir législatif ; Les membres du ministère de la justice pour le pouvoir exécutif (souvent d'anciens juges) ; les juges proprement dit (les juges du sièges) pour le pouvoir judiciaire.

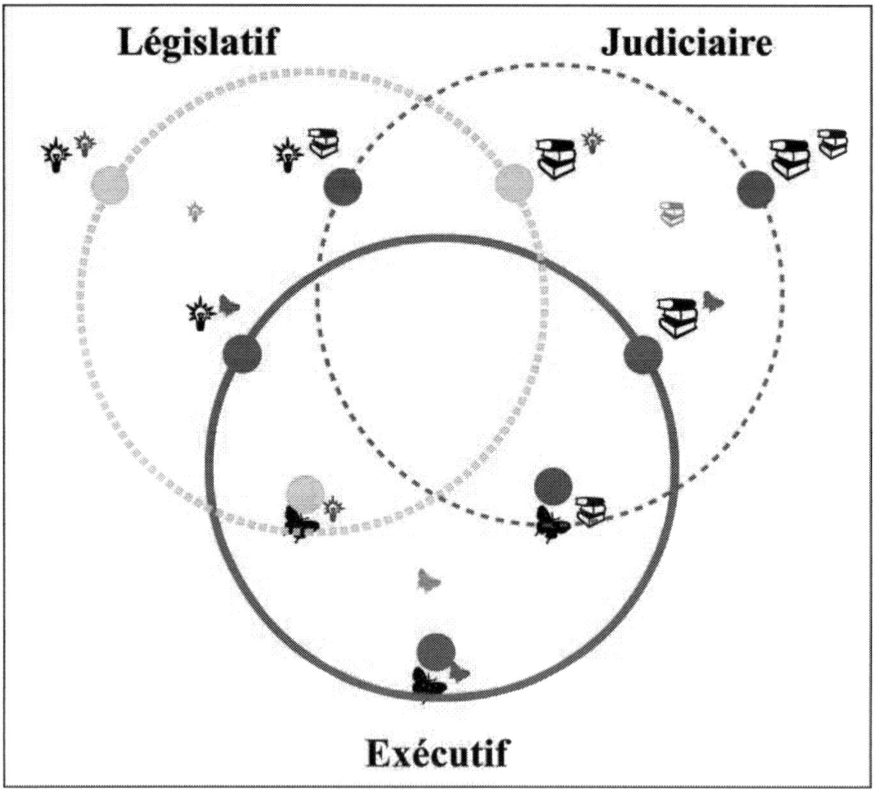

Il y a donc un lien naturel, profond entre tous ces juges, tous ces cerveaux gauches, spécialistes du problème du vrai et du faux et de l'analyse soigneuse du passé, quelque soit le pouvoir auquel ils sont rattachés. Ce lien est représenté ici par une ligne circulaire bleu en tirets fins.

Il en est de même pour les cerveaux limbiques. Le lien entre les hommes d'action est représenté par une ligne circulaire rouge en trait plein.

Ainsi que pour les cerveaux droits, reliés par une ligne verte en pointillé.

Le triplet des start-up

Ou comment mettre le concept trinitaire à toutes les sauces, Jean-Guy de Saint Périer

Admettons que le XXI° siècle soit le siècle des sciences cognitives, par exemple des moteurs de recherche, des voitures autonomes, de la reconnaissances des formes, des robots médicaux intelligents, et donc de l'innovation et de l'imagination. Si cela est vrai, une partie de l'économie et nombre d'emplois à venir seront créés au sein de jeunes pousses innovantes, de start-ups à la californienne. Et il se trouve que ces jeunes entreprises reposent presque toujours sur l'association de trois fondateurs …

Le trio gagnant : L'idée, l'analyse, l'action

Les start-ups créées en Californie dans les années 80 et qui ont duré étaient souvent composées d'une équipe de trois olibrius :

Un créatif, l'inventeur qui arrive avec son idée de génie.

Un financier rationnel, qui sait faire des additions et surtout analyser les données passées avec rigueur.

Et enfin, l'homme du marché, celui qui se confronte à la réalité des problèmes du client, dans la réalité présente, et agit en conséquence. Celui-ci devint souvent le patron de l'entreprise.

CL – L'action au présent

L'homme du marché est dans l'action, le possible, le probable, le corps à corps. Il est comme le souffle, le tourbillon. Il doit être dans un mouvement quasi permanent. Sans lui, rien n'est possible, rien ne se passe. Si une invention ne correspond pas à la réalité du marché, au désir du client, tout s'arrête.

L'homme du marketing doit aussi être trine : Il est le créateur, le producteur et l'arrangeur du produit fini. Celui qui modifie quelques détails, par exemple la couleur, ou plus radicalement tout le design. C'est lui qui rend l'invention utilisable ou séduisante.

S'il n'arrive pas à convaincre le client des bienfaits de l'invention, l'idée la plus géniale n'aura aucun succès. Il est donc le spécialiste de l'évaluation des forces et des faiblesses, des opportunités et des risques, du côté bénéfique ou non de telle action. Il gère le bien et le mal.

L'homme d'action, '*pragmatique*' en grec, doit faire le lien entre le rêveur qui se projette dans un futur souvent un peu lointain, et le financier toujours plus intéressé par le calcul et l'analyse du passé.

CG – L'analyse du passé

Le financier doit tout savoir sur tout. Il doit tout analyser, contrôler, vérifier. Il gère le vrai et le faux.

Mais son savoir n'a pas de sens sans l'homme d'action, capable de se confronter à la réalité du marché, et l'inventeur, qui offre une nouvelle vision du monde.

Les relations entre le financier et l'inventeur ne sont pas toujours harmonieuses. Le créateur est souvent difficile à comprendre. Il est irrationnel et coûteux. Au XIX°, les banquiers aimaient à dire que les inventeurs étaient le moyen le plus sûr de faire faillite, avant même l'entretien d'une danseuse.

Le financier doit parfois stopper un projet non viable sur le plan purement comptable. On retrouve la notion de sélection naturelle du chapitre sur la biologie.

Créer Sélectionner

Agiter

Mais voilà, l'inventeur est indispensable ! La « loi des 2 ans » ou «2 years law », célèbre sur le campus de Stanford, montre que lorsque les financiers éliminent tous les inventeurs du conseil d'administration d'une start-up, la société disparaît souvent dans les deux ans.

Même s'il ne comprend pas toujours la logique ou plutôt l'absence de logique du créateur, le financier doit pouvoir rester une sorte de « double rationnel » de l'inventeur, sa traduction cohérente, sous forme de phrases. Il s'occupe ainsi des relations avec le milieu financier, de la communication financière, de la certitude des comptes, et des certitudes juridiques et réglementaires. Il transforme un « produit marketé à partir d'une idée géniale » en un discours compréhensible par la logique du monde juridique, financier et donc culturel du pays.

Idée géniale Discours

Produit

vendable

Le financier est dans la précision comptable et juridique, le monde du langage, du Logos des philosophes grecs. Il est Fils de l'idée – la source de tout – mais c'est lui l'adulte, celui qui ne doit pas trop rêver afin de tout surveiller. Toutefois, le financier est aussi trinitaire. Un bon financier doit pouvoir voir loin.

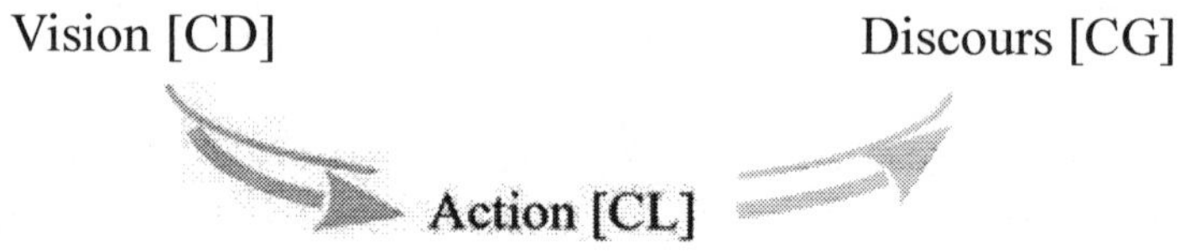

CD – La vision du futur

Le créatif, l'inventeur, est souvent un « grand enfant » un peu innocent, idéaliste. Il plane dans les nuages, dans l'imaginaire, où il puise son inspiration. Il voit ce qui reste invisible aux autres, il pré-voit le futur.

Même si le financier doit tout savoir sur tout, c'est le créateur qui dispose de la mémoire la plus grande, infinie. Il se souvient de toutes les formes rencontrées dans son existence, et peut ainsi faire les liens, voir les évidences, les conjectures fructueuses et les idées de demain.

Je rêve du jour où l'on apprendra en Europe à faire travailler en symbiose des inventeurs, des analystes financiers et des hommes d'action dans des écoles ou des pépinières de projets « trinitaires » capables d'inventer la société de la connaissance de demain. Car si les relations entre ces trois-là ne sont jamais simples, et par définition source de conflits, elles pourraient être décrites comme autant de relations trinitaires, être enseignées puis pratiquées.

Ces écoles seraient, je pense, bien adaptées à la résolution de problèmes innombrables de vision intelligente et d'intelligence artificielle en général, de moteurs de recherche sémantiques, ou d'aide au diagnostic médical. Elles pourraient enseigner la physique quantique, son triplet spectral et ses applications par exemple dans le domaine de l'immunologie, de la reconnaissance moléculaire, et donc de la bactériologie, de la cancérologie ou de la physique appliquée comme le laser, les matériaux supraconducteurs, etc.

Annexe : Autres triplets et symbioses

Le monde vivant offre un grand nombre de symbioses ou d'alliances entre organismes divers et variés : bactéries s'associant avec un spirochète (organisme se déplaçant à l'aide d'un long flagelle) et devenant comme motorisées, champignon et algue verte pour les lichens, champignons et racines de nombreuses plantes, mais aussi anémone et poisson clown, loutre du désert et oiseau africain, crevette et poisson Gobi, etc.

Microbiote

Pour Gérard Eberl, immunologiste, les interactions entre l'homme et les bactéries ne peuvent se réduire à une guerre entre attaquants et défenseurs. Nous ne pourrions digérer certains aliments sans les bactéries de notre intestin, le microbiote. Il parle ainsi de super-organisme symbiotique. Les indices d'un lien entre le microbiote et le développement de l'obésité, voire de certaines maladies mentales s'accumulent et changent la façon « dont nous appréhendons notre environnement, non dans le conflit, mais dans l'équilibre sans cesse renouvelé ».

Animaux sociaux

Le phénomène des animaux sociaux peut ainsi être vu comme un phénomène de symbiose en ce sens que le résultat de l'assemblage est beaucoup plus complexe et riche que la simple juxtaposition des parties. Ainsi, une ruche peut être considérée comme un super-organisme symbiotique.

Pensons à ces abeilles suspendues les unes aux autres, celle du bas modelant avec sa salive une petite boule de cire que les abeilles se passent jusqu'à celle du haut, qui l'aplatit pour construire alors l'alvéole en cours.

On ne peut passer d'une abeille solitaire à une colonie de deux abeilles de façon progressive, comme on ne peut passer d'une bactérie seule à une cellule eucaryote. C'est d'abord et avant tout de l'alliance entre deux êtres que vient cette nouvelle organisation et non du génome de chacune des abeilles.

Cerveau social

De même, les trois cerveaux décrits par Eccles ne pourraient-ils être vus comme une société de cerveaux s'organisant de façon très précise ? Là encore, si c'est de l'alliance entre plusieurs cerveaux que vient la nouveauté et non du génome, la ressemblance entre le génome d'un mammifère quelconque et celui de l'homme ne signifie pas forcément grand chose.

Souvenons-nous que le génome de chacune des bactéries qui s'associent pour former une cellule avec noyau et donner tout le règne animal et végétal n'a presque pas été modifié.

Sortie de symbiose

Comme Lynn Margulis le remarque dans son livre *L'univers bactériel*, le cancer peut être considéré comme une sortie de symbiose. Une cellule ne se reconnaît plus comme faisant partie d'un tout. Celle-ci se reproduit alors et prolifère quand le système immunitaire n'arrive plus à reconnaître et à détruire ces cellules qui sont devenus « étrangères ». Le cancer est d'ailleurs considéré de plus en plus comme lié au phénomène de la reconnaissance moléculaire. Il est probable que ce phénomène soit en réalité quantique, autrement dit fondé sur un triple phénomène, comme nous l'avons vu au chapitre sur la physique.

Le modèle de la symbiose finira peut-être par prendre l'avantage sur celui de la sélection naturelle pour expliquer nombre de phénomènes fondamentaux en biologie. Reste à développer une « science de la symbiose » et du triplet symbiotique, en lien avec les découvertes en mathématique et en physique décrites ici.

Symbiose et sélection naturelle

Il ne s'agit pas de ici de nier le processus de sélection naturelle qui peut amener à la généralisation d'une couleur mieux adaptée à son environnement chez une espèce de papillon ou à la sélection d'une souche bactérienne résistante à un antibiotique. Et encore moins de nier le rôle de la prédation dans le monde vivant, y compris chez les êtres humains, comme l'a si bien montré René Girard.

Le chapitre sur la symbiose vise simplement à décrire de façon intuitive les trois dimensions propres à l'apparition de certaines nouveautés décisives en biologie, ceci pour faire comprendre comment la géométrie (et donc les formes), les fluides (et donc la thermodynamique) et enfin l'ADN (et donc la logique et l'arithmétique) entrent en relation. L'alliance est souvent plus fructueuse que la compétition, puisqu'elle est d'un autre ordre, plus profond, qui a trait à la notion même de signification.

Pression de sélection et invention

Chez les constructeurs automobiles, l'apparition de nouvelles couleurs plus à la mode est souvent le résultat de la simple « pression du marché », une forme de pression de sélection. Mais pour passer d'une chaudière à vapeur au moteur à piston ou à la pile à hydrogène, les choses sont un peu plus compliquées. Il faut inventer de nouvelles formes, trouver de nouveaux fluides … et donner un nouvelle signification, une nouvelle fonction, à la plupart des pièces utilisées jusque là.

La recherche vraiment fructueuse qui engendre de façon trinitaire de nouveaux savoirs n'est pas définie de façon rationnelle par le cerveau gauche. On ne sait jamais ce que l'on va trouver.

Wegener ne cherchait pas à trouver une explication à la dérive des continents. Il a laissé son cerveau droit « voir » un Sumbolon. Il le laisse avoir une intuition folle, de façon inutile, gratuite.

Avoir une idée ne consiste pas à passer en revue un ensemble de combinaisons pour répondre à un besoin, à un marché. Puisque l'on ne sait précisément pas quel est le savoir que l'on cherche à remettre en cause. Nombre de savants rêvent d'avoir cette idée qui va apporter une rupture radicale à leur théorie du monde. Ils font bien la différence entre la recherche appliquée (une nouvelle combinaison de solutions connues apportée à la demande d'un industriel) et l'illumination qui caractérise la recherche fondamentale.

Conclusion

La sélection naturelle existe, « à l'évidence ». Mais nous avons vu au chapitre sur la physique avec Daniel Schechtman que la nature est capable de produire des phénomènes d'intrication (donc de symbiose) bien plus inattendus, voire scandaleux, pour nombre de scientifiques d'aujourd'hui. Il faudrait un livre entier pour montrer que la pression de sélection peut bien entendu faire apparaître de nouvelles formes, mais pas de profonds bouleversements comme les symbioses, capables de révéler des formes avec de nouvelles symétries, de nouvelles compartimentations assorties de nouvelles significations de l'ADN.

Sans oublier ces nouvelles thermodynamiques, ces nouveaux fluides avec des propriétés bien précises, qui donnent de façon dynamique cette indispensable unité à l'ensemble.

Signalons enfin que la compréhension voire la définition même de la notion de sélection et de la notion de symbiose est au cœur de l'actualité, comme le montrent par exemple les travaux des équipes de Gérard Eberl et de Philippe Glaser à l'institut Pasteur. Faut-il éliminer toute bactérie un peu dangereuse au risque d'une utilisation excessive d'antibiotiques qui peuvent fragiliser la symbiose subtile entre bactéries et être humain et favoriser la sélection d'une bactérie résistante encore plus dangereuse ? La réponse est loin d'être simple.

Annexe : Autres triplets et idéologies

La raison, l'action, l'idéal

Le nécessaire, le possible et la vision idéale

Pour illustrer l'idée de trinité radicale, en tâchant de ne pas trop trahir la pensée de Panikkar, nous allons tenter de montrer que ces trois dimensions, la raison, l'émotion et la vision idéale permettent de lire les évolutions philosophiques et idéologiques de ces derniers siècles.

La raison

Le mariage de raison

Au XIX° siècle, ceux qui avaient des biens matériels avaient souvent l'obsession du mariage de raison et se méfiaient d'une part du mariage d'amour et de l'autre des émotions et du corps.

À l'époque, on « évalue » le candidat, en général une candidate, en fonction de critères : Bonne famille, bonne dot, pas dépensière, caractère plus ou moins docile. Il devient possible de ramener tout cela à une note, un ratio, 15/20 ou 17/20.

On peut modifier son choix au dernier moment si on tombe sur un parti plus intéressant, mieux noté. Le choix est toujours

« explicable ». Autrement dit, on est capable de réduire la personne à des catégories précises et de la résumer en quelques phrases.

Où l'on voit que l'explication rationnelle – sous forme de phrases – va souvent de pair avec la possibilité de faire des calculs, et permet ainsi de résumer une personne ou une situation à un simple nombre, ou disons un nombre rationnel.

INTUITION	RAISON
Vision/Intuition	**Langage/calcul**

ACTION
Émotion/volonté

Ces mariages arrangés sont toujours la norme dans de nombreuse cultures. L'idée principale est que le ou la postulante est interchangeable avec un ou une autre, si les caractéristiques de celui-ci sont meilleures. Tout cela doit être rationnel.

La raison scientifique

Il semble que le XIX° siècle ait vu la domination de la « Raison » dans de nombreux autres domaines.

Régnait alors la certitude que l'univers était gouverné par des phrases – des équations en Mathématiques – les « lois de la nature », valables à toutes les échelles, qu'il fallait découvrir à tout prix. Il ne restait plus alors qu'à « calculer » le futur, en éliminant le temps qui passe et la notion même d'incertitude.

Les dieux voire les idoles du XIX° siècle sont les scientifiques. « Quand je fais ceci, il va se passer cela ! ». Nombre de biologistes se passionnent alors pour la définition pseudo-scientifique de races humaines.

Ces idées commencent à s'effondrer au moment où apparaissent la relativité (et le retour de la notion d'échelle et donc de courbure, de forme du cosmos) et la physique quantique (et la fin des certitudes) au début du XX° siècle.

La raison scientifique contre l'intuition

Pour beaucoup, l'esprit scientifique commence quand on va contre l'intuition.

Au VII° siècle avant J.-C., Anaximandre comprend par un raisonnement logique que la terre flotte dans le ciel, ce qui à l'époque, était contre-intuitif.

On retrouve cette méfiance à l'égard de l'intuition, et donc de la vision, chez Descartes devant un bâton qui donne l'impression de « se casser » quand on le plonge dans l'eau.

De plus, l'intuition, comme celle de Wegener, est souvent liée à un constat unique. Les rationalistes, et la raison « raisonnante », détestent l'événement singulier, non reproductible. Il n'y a de science que de général, pensent-ils avec Aristote.

La raison scientifique contre l'émotion

Les rationalistes se méfient de l'émotion, du mouvement. Il faut donc séparer la sexualité du mariage de raison. Le mot « maîtresse » apparaît d'ailleurs au XIX°. On a aussi peur de tout ce qui bouge, on se découvre entouré de petites bêtes, microbes, moustiques, puces, virus, acariens, tous porteurs de maladies, qu'il s'agit de contrôler et si possible d'exterminer. C'est le siècle de l'hygiénisme.

De nos jours, on rajoute encore des antiseptiques, pesticides ou antibiotiques un peu partout. Vaccins, surmédication, etc. Il s'agit de contrôler cette vie minuscule, grouillante, incontrôlable par nature. On ne sait jamais !

Vision/Intuition Raison/Langage/calcul

Action/émotion/volonté

La raison financière

Au XIX°, la plupart des pays industrialisés autorisent, après de longs débats, le travail des enfants au fond des mines. Interdire aux industriels d'utiliser cette main d'œuvre dans des conditions inhumaines mettrait en péril la compétitivité de l'industrie d'une nation dans un marché mondialisé. Il faut être raisonnable, se disent les dirigeants de la plupart de ces pays dits « modernes ». Il y a une vérité économique contre laquelle on ne peut rien. Beaucoup d'enfants meurent mais... la pression de la sélection, pense-t-on alors, n'est-elle pas la raison principale de l'évolution ?

Cette domination du tout calcul, souvent cynique, amènera les réactions du XX° siècle, où l'action, la volonté, la mobilisation sont vues comme une réponse à ce monde rationnel, nécessaire, implacable, et souvent inhumain.

Architecture et XIX° siècle

Les immeubles parisiens, typiques du XIX°, se ressemblent, alignés de façon rationnelle.

La foi dans le progrès se traduit par l'apparition de planchers en acier et surtout d'ascenseurs. Mais on sépare les propriétaires et les domestiques, regroupés à l'étage le plus élevé qui n'est pas desservi par ce fameux ascenseur, mais par un escalier de service. Le niveau social se calcule facilement, grâce au numéro de l'étage occupé.

On amène et on évacue les fluides, mais on les cache. Ce qui est plutôt une bonne chose pour les égouts, grande conquête des villes du XIX° siècle. « Eau et gaz à tous les étages ». Sauf dans les chambres de bonne souvent non chauffées.

Les matérialistes, comme les marxistes, vont se servir de cette séparation en « classes sociales », entre ceux qui profitent des avancées de la science et ceux qui les subissent, pour appeler à la fin de la société du XIX°. Une guerre qui va durer au moins jusqu'en 1989.

L'ACTION, L'ÉMOTION, LA FORCE

Il semble que le XX° siècle et la libération sexuelle récusent le mariage d'amour et son côté idéaliste qui incite à la fidélité, laquelle est contraire à la jouissance au présent. Au XX° siècle comme au XIX° siècle, beaucoup se méfient du coup de foudre mais pour des raisons assez différentes et privilégient l'émotion, l'action, la sexualité, le corps.

Le XX° siècle a été celui de l'action, de la volonté, du mouvement, de l'énergie. La production toujours plus importante d'énergie, la construction de centrales, d'automobiles, étaient la voie du salut pour les hommes de ce siècle. Les mineurs et leur capacité de production de charbon sont les nouveaux héros soviétiques. On invente le culte de Stakhanov et du Stakhanovisme. Une des grandes espérances des élites en tout cas occidentales et russes passe par le contrôle démiurgique du feu nucléaire et de sa force de travail illimitée qui doit apporter à la fois la puissance militaire et la quantité d'énergie nécessaire aux machines et ainsi au contentement matériel, puis à la libération des hommes.

Le nouveau dieu n'est plus le scientifique, qu'il faut plutôt surveiller et mettre au service du pouvoir politique, mais l'homme d'action, le militant ou l'ingénieur, celui qui transforme le monde à l'aide de machines in-génieuses. Des machines de plus en plus puissantes dans lesquelles il s'agit d'insuffler de l'intelligence, du génie, donc de la technique informatique.

Le problème principal n'est plus vraiment d'établir la vérité mais d'agir utilement pour faire triompher le bien dans une lutte sans merci contre le mal. Le mal étant personnifié par le bourgeois rationaliste et froid du XIX° siècle, qui ramène tout à du calcul (pour les militants ou les activistes politiques marxistes) ou le puritain obsédé par le contrôle de l'émotion, du plaisir et du sexe (pour les freudiens).

Les guerres du XX° siècle

Si les guerres du XIX°, disons jusqu'à la première guerre mondiale, sont des guerres faites par des généraux techniciens rationnels, comme le raconte avec une certaine ironie De Gaulle dans ses mémoires, et ceci avec l'aide des scientifiques, chimistes ou autres, le XX° siècle redécouvre la guerre de mouvement, guerre éclair, guerre motorisée bien sûr. Guerres du pétrole, donc.

Le salut par la consommation

Le XX° siècle est surtout le siècle de la consommation. Consommer signifie consumer : Il faut brûler, tout brûler, sans limite : du charbon, du gaz, du pétrole, du combustible nucléaire, du sucre, des partenaires sexuels, et autres produits de consommation. Notons que cette consommation effrénée entraîne une fièvre acheteuse qui ne déplaît pas aux marchands.

Architecture et XX° siècle

Au XX° siècle, on valorise le côté fonctionnel, « utile », d'un bâtiment. C'est utile donc c'est beau.

On favorise les flux, par exemple la lumière avec de grandes baies vitrées, et tant pis si on perd de l'énergie ! Le XIX° siècle, un poil puritain, fait rentrer et sortir les fluides des immeubles de manière discrète, de même pour les employés qui doivent circuler par l'escalier de service.

Au contraire, le XX° siècle veut montrer à tous qu'il n'a pas honte de sa tuyauterie et la montre, comme au Centre Pompidou à Paris. Chaque fluide a sa propre couleur bien visible. Le fonctionnel est beau.

En fait, le beau est remplacé par le fonctionnel, symbolisé par les fluides. Le flux des visiteurs venant consommer du culturel est lui-même visible dans de gros tuyaux de verre. Les étages sont de simples plateaux rectangulaires, sans forme, tenus par des 'X' fonctionnels, qui permettent de visualiser les champs de force.

Aucune différence, aucune hiérarchie ou presque, entre les niveaux comme au XIX°. Les tableaux ou autres produits de consommation culturels sont eux-mêmes amenés dans un flux optimal par le truchement de monte-charges qui les montent puis les redescendent sans cesse. Un bâtiment comme Beaubourg n'est pas beau ou laid, il est d'abord et avant tout utile ou non.

Enfin, une débauche d'énergie permet de chauffer le tout. La consommation de produits les plus divers, y compris de produits culturels, va sauver le monde, pensent les hommes du XX° siècle. La crise du pétrole peut commencer.

La vision idéale

Critique du rationalisme et du matérialisme

Le XX° siècle matérialiste se termine par une explosion de fluides en tout genre. L'air est de plus en plus saturé de gaz d'échappement, produits de la combustion, de la consommation effrénée. Ces fluides sont eux-mêmes de plus en plus pollués.

Une sensibilité écologique se développe. On se soucie de nouveau de l'avenir, des générations futures. Il ne s'agit plus de changer le monde mais de le sauver.

FUTUR	**PASSÉ**
Sauver le monde	Comprendre le monde
(de demain)	(d'hier)
Écologistes	Rationalistes

PRÉSENT

Changer le monde

(d'aujourd'hui)

Matérialistes

Réchauffement climatique, énergie, fluide

Le XX° siècle, siècle de l'émotion toute puissante se termine ainsi par une peur du réchauffement climatique, de cette production extraordinaire de gaz à effet de serre par les centrales d'énergie, par les automobiles, bref de tout ce qui devait garantir le salut des sociétés humaines quelques années auparavant.

On dit que le nombre de kilomètres parcourus en France par les camions et les voitures a été multiplié par 3 de 1970 à 2010. Mais les français sont-ils 3 fois plus heureux qu'en 1970, se demandent les écologistes ? Ce kilométrage semble devoir augmenter à l'infini, quelles que puissent être les conséquences pour la beauté de la nature, menacée de toute part, répètent-ils. Le XXI° siècle se réveille ainsi dans un trop plein de gaz chauds, mais aussi d'air et d'eau pollués. Résultat toujours plus inquiétant de ce besoin inextinguible de mouvement, d'émotion, de besoins ou de désirs propres aux hommes du XX° siècle.

Notons que les écologistes rejettent le XX° siècle mais aussi le XIX°, où ce besoin de contrôler les microbes, les insectes, et d'une façon générale « tout ce qui est en mouvement » a mené aussi à une pollution des fluides, de l'eau potable, de l'air. Par un excès d'aluminium, de mercure, d'antibiotiques, etc. Ils dénoncent aussi les catastrophes comme celle de l'usine de pesticide de Bhopal qui va libérer un gaz mortel pour des milliers d'habitants.

L'importance des fluides

Les rationalistes stérilisent les fluides, alors que les matérialistes accroissent sans cesse la puissance de ceux-ci.

– Le salut passe par le contrôle de tout qui bouge pour les rationalistes : La passion pour les produits chimiques qui tuent tout ce qui vit. Gaz de combat pendant ce que les historiens appellent la guerre des chimistes en 14-18, et leurs dérivés, les pesticides.

– Le salut passe par les fluides pour les matérialistes. Le plus de sève possible ! Siècle du pétrole, guerres du pétrole, siècle de la libido sans contrôle, sans mesure.

Le mouvement, la production et la gestion d'énergie passent toujours par des fluides, qui ont pour qualité première de se mélanger avec les fluides atmosphériques, l'air, la vapeur d'eau. Le gaz carbonique se mélange avec l'eau de la mer.

Et tout cela se traduit par des problèmes de température, des phénomènes thermodynamiques imprévisibles et dangereux comme les tempêtes, et autres montées des océans.

L'écologie, le singulier et la disparition des espèces

L'âme est la marque indélébile de l'unicité de chacun

François Cheng

La Chine maoïste a programmé l'extermination des moineaux, et des oiseaux en général, dans de nombreuses régions. Ceux-ci avaient été jugés ennemis du peuple, puisque coupables de manger les graines des champs. Certains endroits sont, parait-il, encore vides de ces dangereux animaux ailés. Au Moyen-âge, on se figurait l'enfer comme un monde sans oiseaux. Et la disparition des espèces végétales ou animales n'est pas toujours le fait d'un grand timonier chinois matérialiste, typique du XX° siècle. Le besoin de calcul, d'évaluation monétaire des rationalistes est tout aussi dangereux, proclament les écologistes.

Une seule plante, comme la pervenche de Madagascar, permet de guérir de nombreuses leucémies notamment chez les enfants. L'if produit une molécule très efficace contre le cancer du sein. Mais comment évaluer le coût pour les malades de la disparition d'une espèce de plante comme la pervenche ou l'if ?

Valeur monétaire de la nature

« Lorsque le rapport Stern évalue à 5500 milliards de $ le coût du réchauffement, son calcul se base sur des perturbations économiques et physiques connues, comme le coût d'une guerre.

Mais il ne peut inclure le coût du déséquilibre des écosystèmes, ni celui des extinctions d'espèces, auxquels aucune valeur monétaire n'a jamais été affectée », Dominique Dron, ex-déléguée interministérielle sur l'effet de serre.

Le XXI° siècle va-t-il redécouvrir la notion de *Sumbolon*, l'illumination venant du cerveau droit et l'importance du « singulier », par exemple du côté irremplaçable d'une espèce menacée ? Ce *Sumbolon* si précieux, qui engendre le langage par l'intermédiaire du fluide, de l'émotion dans une relation trinitaire.

Les créateurs contre les financiers rationalistes

On redécouvre ainsi la notion d'« idée », d'espèce unique, et donc d'intuition, qui apparaît gratuitement dans la nature et qui ne réapparaîtra pas par tirage aléatoire. La muse des poètes inspire parfois les scientifiques, et elle inspire de la même façon la nature, se disent les amoureux de la nature. Il n'est nul besoin pour voir apparaître l'endosymbiose de lancer les dés pendant des milliards d'années jusqu'à ce que la nature tombe sur un bon numéro. Un poète, un musicien, un créateur en général ne teste pas des combinaisons nuit et jour. L'inspiration, l'idée nous « tombent dessus ».

Il s'agit donc pour les hommes du XXI° siècle de protéger ces espèces uniques, d'une beauté et d'une valeur inestimables, qui ne sont en aucun cas le produit d'une stupide combinatoire.

Relation entre capitalisme et gratuité sinon pauvreté de l'idée

On retrouve cette pauvreté du créateur de start-up et de son idée parfois bien misérable qui rebat pourtant les cartes du capitalisme classique du XIX° siècle.

Architecture et XXI° siècle

On assiste à un retour de la courbe, du dessin, de la recherche du beau pour le beau, au détournement poétique de beaux bâtiments pour d'autres usages. Un bâtiment prévu pour servir de bureau, d'usine à biscuit ou d'édifice religieux pourra toujours être reconverti au delà de sa fonction originelle.

Gratuité, inutilité et poésie retrouvent un certain droit de cité. Le beau se trouve bien au-delà de la fonction et du côté rationnel.

Pour l'architecte qui privilégie l'esthétique, liée au cerveau droit, la dimension de la forme et de la beauté redevient la source de toute chose. Le mur végétal, les économies d'énergie ainsi que le retour de matériaux comme le bois qui remplacent parfois les « modernes » bétons, verres et aciers signent le retour de la nature et de l'écologie.

Sortie du triplet

Une réaction violente aux excès du siècle de la surconsommation, du mouvement et de l'émotion toute puissante, va-t-elle imposer au XXI° siècle un retour au cerveau droit, le cerveau qui gère la beauté, la création, la singularité et ainsi un retour à l'écologie idéaliste et idéologique ?

Il semble en tout cas que toute dérive politique, religieuse, voire même de santé publique, parte de la haine d'un des trois cerveaux, d'une des trois dimensions de la réalité. Haine de l'émotion pour les adorateurs de la Raison au XIX°. Haine de la beauté et du coup de foudre au XX° siècle pour les thuriféraires de l'action et de l'émotion. Et enfin, haine de la science rationaliste et de la folie du mouvement et de l'émotion pour les écologistes du XXI° siècle ?

On comprend mieux les dangers de l'hygiénisme excessif du XIX°, de sa peur de tout ce qui bouge, et de son amour pour tout ce qui tue, des pesticides au chlore ou des bactéricides aux métaux lourds et de son cortège de cancers, d'allergies ou de bactéries résistantes.

On peut aussi faire le lien entre le siècle de la consommation, de la surexploitation des biens terrestres (le XX°) et les maladies dues à la suralimentation, aux addictions ou aux pollutions innombrables ; en tout cas dans les pays riches.

Les maladies sont-elles ruptures de relation trinitaire ?

Une addiction grave est de fait une sorte de domination du cerveau des émotions sur notre raison et notre cerveau droit.

Une cellule cancéreuse est une cellule qui rompt l'alliance avec les autres cellules et joue son propre jeu. Elle ne fait plus partie d'un tout, et brise la symbiose, *le sumbolon.* Le *diabolon* divise alors que le *sumbolon* unit.

Un excès de pensée raisonnante et logique, autrement dit une sortie de toute relation trinitaire par le cerveau gauche, peut amener à une forme de paranoïa, etc.

Une histoire de criquets

Certains redoutent les maladies humaines ou politiques que risquent d'engendrer certaines réactions idéalistes excessives. Jean Roy, spécialiste des criquets, explique en 2001 pourquoi la décision prise pour raison écologique de stopper de façon brutale les moyens de lutte contre ces insectes risque d'entraîner une catastrophe au Sahel. De fait, un nuage de criquets sera à l'origine d'une famine, qui fera d'après les Nations Unis environ 2 millions de morts en 2005, et d'un appauvrissement durable de la région.

La vie en général et la chose humaine en particulier sont au contraire relations trinitaires entre ces trois mondes, et ce même au cœur des mathématiques, de la physique, de la biologie, du cerveau, etc.

Bibliographie

Laura Bossi, *Histoire naturelle de l'âme*, 2003, PUF

Paul Bourgine, Annick Lesne, Nadine Peyriéras et al., *Morphogenèse : L'origine des formes*, 2006, Belin

Gabriel Chardin, *L'antimatière, la matière qui remonte le temps*, 2006, Le Pommier

François Cheng, *Souffle-Esprit : Textes théoriques chinois sur l'art pictural*, 2006, Seuil

François Cheng, *Le livre du vide médian*, 2009, Albin Michel Spiritualités

Alain Connes, *Géométrie non commutative*, 1990, intereditions

Alain Connes, *Noncommutative Geometry*, 1994, alainconnes.org

Alain Connes, Carlo Rovelli, *Von Neumann algebra automorphisms and time-thermodynamics relation in generally covariant quantum theorie*, 1994, alainconnes.org

Alain Connes, Marcel paul Schützenberger, André Lichnerowicz, *Triangle de pensées*, 2000, Odile Jacob

Alain Connes, Matilde Marcolli, *Noncommutative Geometry, Quantum Fields and Motives*, 2007, alainconnes.org

Alain Connes, *La science est aussi intuition, poésie, rêve, article le-point.fr,* 23 mai 2013

Alain CONNES, *Temps et aléa quantique*, Conférence prononcée à l' IHES en anglais, Avril 2015

Antonio DAMASIO, *L'erreur de Descartes : La raison des émotions*, 1995, Odile Jacob

John ECCLES, *Évolution du cerveau et création de la conscience, à la recherche de la vraie nature de l'homme*, 1992, Fayard

Michael GAZZANIGA, *Le cerveau social*

Peter HAGOORT, *MUC (Memory, Unification, Control) and beyond*, Front. Psychol., 12 July 2013

Lynn MARGULIS, *L'univers bactériel*, 2002, Seuil

Lynn MARGULIS , *Symbiotic planet, A New Look at Evolution*, 1999, Basic Books

Michel MORANGE, *La vie expliquée*, 2010, Odile Jacob

Michel MORANGE, *La part des gènes*, 1998, Odile Jacob

Raimon PANIKKAR, *La trinité une expérience humaine primordiale*, 1970, Cerf

Raimon PANIKKAR, *La plénitude de l'homme, 2007,* Actes Sud

Roger PENROSE, *L'esprit, l'ordinateur et les lois de la physique*, 1992, Intereditions

Roger PENROSE, *Les ombres de l'esprit, à la recherche d'une science de la conscience,* 1995, Intereditions

Roger PENROSE, *À la découverte des lois de l'univers*, 2007, Odile Jacob

PLATON, *Philèbe*

Giacomo RIZZOLATTI, *Les neurones miroirs*

Jean ROY, *Histoire d'un siècle de lutte anti-acridienne en Afrique*, 2001, L'Harmattan

Lee SMOLIN, *Rien ne va plus en physique ! L'échec de la théorie des cordes,* 2007, Dunod

Remerciements

Merci à mes patrons, les mathématiciens et informaticiens Edwin Diday et Yves Lechevallier, les biologistes Gérard Cusset, Jacques Lebbe et Régine Vignes. Merci à Gérard et Jacques, qui nous ont quittés beaucoup trop tôt.

Merci à Catherine et Anne-Marie Berriaud, à toute la famille Bertrand pour leur métier de « sauveteurs de l'extrême », Pierre Chollet et sa connaissance des langues anciennes, Catherine Clayer, Elizabeth Despas, Jeannette, Jean-Pierre et Thomas Gindele, Laurent Giraud, Philippe Glaser mon bactériologiste préféré, Christiane, Françoise, Jean-Claude, Julie et Antoine Légeron, Jacques Legros, Julien et Isabelle Monnet, Renaud Musseau dont l'écoute m'a été si précieuse, Nicolas Parriaux, Anne Parvéry notre *œil de lynx*, Brigitte et Nelly Rousseau, Jean-Guy de Saint-Périer sans qui ce livre n'aurait jamais été terminé, Sylvie Schneider Maunoury, embryologiste préférée de Philippe Glaser, Emmanuel Tronc, et j'en oublie, pour leurs relectures souvent critiques, leurs nombreuses suggestions ou leur aide toute simple mais ô combien précieuse.

Merci à René Perdriaux pour son travail de labour des textes de Lynn Margulis.

Merci enfin à Raimon Panikkar et Alain Connes d'avoir bien voulu répondre à mes questions parfois incongrues.

Table des matières

Achevé d'imprimer en mars 2017 par LEN S.A.S. – 93400 St Ouen
Dépôt légal : mars 2017
Imprimé en France

Made in United States
Troutdale, OR
11/03/2026

56844367R00111